新农村建设丛书

蔬菜无土栽培技术

王　艳　主编

吉林出版集团股份有限公司
吉 林 科 学 技 术 出 版 社

图书在版编目（CIP）数据

蔬菜无土栽培技术/王艳编.
—长春：吉林出版集团股份有限公司，2007.12
（新农村建设丛书）
ISBN 978-7-80762-039-6

Ⅰ.蔬... Ⅱ.王... Ⅲ.蔬菜—无土栽培 Ⅳ.S630.4

中国版本图书馆CIP数据核字（2007）第187217号

蔬菜无土栽培技术
SHUCAI WUTU ZAIPEI JISHU
主编 王 艳
责任编辑 林 丽
出版发行 吉林出版集团股份有限公司 吉林科学技术出版社
印刷 三河市祥宏印务有限公司
2007年12月第1版 2019年3月第37次印刷
开本 850×1168mm 1/32 印张 3.5 字数 90千
ISBN 978-7-80762-039-6 定价 15.00元
社址 长春市人民大街4646号 邮编 130021
电话 0431—85661172 传真 0431—85618721
电子邮箱 xnc 408@163.com

《新农村建设丛书》编委会

蔬菜无土栽培技术

主　编　王　艳

副主编　宋述尧　陈姗姗　迟燕平

编　者　王　艳　陈姗姗　迟燕平　宋述尧

出版说明

《新农村建设丛书》是一套针对“农家书屋”“阳光工程”“春风工程”专门编写的丛书，是吉林出版集团组织多家科研院所及千余位农业专家和涉农学科学者倾力打造的精品工程。

丛书内容编写突出科学性、实用性和通俗性，开本、装帧、定价强调适合农村特点，做到让农民买得起，看得懂，用得上。希望本书能够成为一套社会主义新农村建设的指导用书，成为一套指导农民增产增收、脱贫致富、提高自身文化素质、更新观念的学习资料，成为农民的良师益友。

目　　录

第一章 概 述

第一节 蔬菜无土栽培

一、蔬菜无土栽培

无土栽培是指不用天然土壤而用基质或仅育苗时用基质，在定植后不用基肥而用营养液进行灌溉的栽培方式。它和生物技术一样，是当今世界上发展很快的一门高技术学科，美国把无土栽培列为现代十大技术成就之一，它为实现农业的工业化生产，发展科技密集型的高品质的农业展示了广阔的前景。

目前，我国无土栽培的面积仅占我国温室面积的万分之一，而日本约占20%，荷兰等国则占80%以上。毋庸置疑，随着我国经济的发展和人民生活水平的不断提高，无土栽培在我国必定会有较大的发展前景。无土栽培对于改造中低产田、宜农荒滩地、煤矿塌陷地、盐碱地和减轻粮菜争地的矛盾，也必定会作出应有的贡献。

二、蔬菜无土栽培技术优点

几千年来，人类所进行的农业生产都是在大自然的支配和“恩赐”下进行的，完全处于依附于大自然，“靠天吃饭”的状态。尽管农业生产技术和栽培条件不断有所提高，但它依然不能摆脱对大自然的这种依附。无土栽培技术的出现，无疑使农业生产栽培从这种依附地位中，向栽培的“自由王国”迈出了一大步。无土栽培的特点是以人工创造的作物根系环境取代土壤环境，这种人工创造的根系环境，不仅满足作物对矿质营养、水分、空气条件的需要，而且可以对其加以控制和调整，以促进作物的生长和发育，使它发挥最大的生产潜力。无土栽培是一项崭新的先进的栽培技术，和传统的土壤栽培相比，有着无可比拟的优越性。

（一）可以克服连作障碍

在日本，由于设施园艺技术的进行，温室、大棚的大型化，固定和密封性增加了，在经历了长年累月的连作后，土传病虫基数不断增长，土壤盐类积聚愈益严重，普遍出现了保护地连作障碍的严重局面。为此不得不采取土壤消毒(化学药品消毒会引起土壤的环境污染;用80℃～100℃水蒸气消毒,费用太高;高温休闲季节闭棚升温至60℃～70℃有一定效果,但易引起覆盖物的老化,从而提高了成本)、嫁接(如日本已培育了许多抗病砧木,黄瓜100%,西瓜、甜瓜90%,茄子40%都用的是嫁接苗,但嫁接麻烦,技术要求高,且新的生理小种还会出现,防不胜防,也是权宜之计)等措施、还有如抗病品种选育、深耕及增施有机肥等技术，但不论哪一种方法都不能治本，而且增加了劳力消耗，加重了工本负担。在这种情况下，许多农家，索性摒弃土耕，在保护地中架起了水耕床，以摆脱土耕连作出现的种种难以克服的弊端。因此，大多数农民认为无土栽培的目的就是防止连作障碍。

（二）改善了劳动条件，利于省力化栽培

无土栽培无需像土耕那样耗费大量劳力去翻耕土地、整地作畦、中耕除草、堆制有机肥料、施肥、喷农药等，而且便于自动化管理，大大减轻了劳动强度，并节省至少2/3的用工量。特别是现代工业技术的飞速发展，使无土栽培的设备、环境调控、营养液的配制和管理等技术得到了电脑等先进工业技术的装备，实现了自动调控，使水培技术成为一种理想的清洁卫生的“按电钮”的农业而广泛地吸引着人们的注意，为农业生产的工厂化、自动化、科学化展示了广阔的前景。如荷兰派森温室花木生产公司，花卉温室面积8000平方米，从花卉播种、定植、管理到市场出售，都实现自动化操作，只需3个工人管理，每年生产的鲜花达 30 万盆，产值 180 万美元。

（三）省水省肥，生长快、产量高、品质优

土耕条件下施肥不易均匀，个体间差异大，且有 50%～80% 的肥料从土壤中流失或被固定成不可给态，而无土栽培可按作物不同生育期对养分的需求提供可给态肥料，并可随时改变肥料的浓度，肥效得以充分发挥，大大节约了施肥量。在用水方面较土耕节省用水量 1/2～1/3，土耕的灌溉水 50%～80% 从土壤中渗透流失，并有大量从土表蒸发散失，而水培如管理得法其耗水量近似于植株的蒸腾量，不存在渗漏和蒸发的损失。有土栽培时常出现的干旱、缺水、缺肥等问题，在无土栽培中也可避免。由于无土栽培较土耕能给作物在不同生育阶段提供最适的水肥条件和较高的管理水平，只要阳光充足，可进行密植和立体栽培，一般单产较土耕高数倍以上。如荷兰过去温室土壤种植的黄瓜每平方米年产量不足 20 千克、番茄 13 千克，实施无土栽培以后，产量提高十分显著，该国海牙市 DALSEM 温室生产公司的大面积温室番茄每平方米年产量高达 52 千克、黄瓜每平方米年产量高达 70 千克，相当于土壤栽培产量的 3 倍多。同时由于不需移苗上钵，定植后没有缓苗期，生长期也大大缩短。科学的管理还可以提高品质，如日本在采收前 10 天增高营养液浓度，可使番茄可溶性固形物含量从 4%～5% 提高到 10%，甜瓜糖度从 14%～15% 提高到 15%～16%。

（四）能提供清洁卫生、健康而有营养的无公害蔬菜

无土栽培可避免重金属离子、寄生虫、传染病菌对蔬菜产品的污染，不需浇泼人粪尿，不需大量喷施农药、除草剂等，产品清洁卫生，外观整洁，品质好，为人们提供无公害的优质新鲜蔬菜。

（五）适于一切无法进行土耕的地方栽培

无土栽培摆脱了人们对土壤的长期依赖，像油田、重盐碱地、土壤严重污染区、沙漠、阳台、屋顶等都可进行无土栽培，

甚至还可用于航天、航海。如美国佛罗里达州南部的肯尼迪宇宙航天中心，与有关大学订立合同，在宇宙飞船上用最科学的方法在最小的面积上生产出量多质优的食品，以支持人类在太空的长期生存。现在，采用无土栽培方法和人工模拟环境技术、生物技术等生产人类在太空生活需要的某些食品已获成功。如用遗传工程培育的小麦用高度集约的无土栽培方法栽培，每平方米可栽万株，每天每株生长量2.5克，从种到收只需6周，1.2平方米面积所生产的小麦便够一个人一年食用。玉米高40～50厘米，便已成熟。番茄每平方米种100株左右。马铃薯用雾培方法生产，使结的薯块悬挂在空气中，生长好，采收也方便。支持一个人在太空生活一年的食品，只需6平方米的面积就够了。因此可以预见，航天农业作为无土栽培的一个领域将会得到进一步发展。

三、蔬菜无土栽培技术缺点

尽管无土栽培具有上述的优点，但必须清楚地看到，无土栽培的应用受到一定条件的限制，它本身也具有缺点，只有充分考虑其缺点，寻求妥善的解决办法，才能充分地发挥无土栽培的优势。概括来说，无土栽培的缺点主要有：

（一）投资大、运行成本高

这是目前无土栽培技术应用中，特别是大面积的、集约化的无土栽培生产中最致命的缺点。因为无论是采用简易的或是自动化程度较高的无土栽培，都需要有相应的设施，这就要比土壤种植的投资高得多，特别是大规模的无土栽培生产，其投资更大。在20世纪80年代中期以来，引进的国外成套无土栽培设施，其价格更是昂贵。例如，广东省江门市引进荷兰专门种植番茄的“番茄工厂”，面积为1公顷，总投资超过1000万元人民币，平均每亩（667平方米）投资近70万元。这在生产中是难以被广大种植者所接受的，而且在目前我国的社会经济水平条件下，依靠种植作物而收回这么大的投资，是非常困难的，有些地方甚至出现连基本的日常运行开支都无法维持的状况，更有甚者最终连设施都变卖了。近几年来，引进国外大型温室等昂贵设施的势头有增无减的现象值得有关部门重视。近十几年来，国内的一些研究单位根据现阶段我国的国情，研制出的一些简易无土栽培生产设施，大大降低了投资成本，而且其种植效果并不见得比国外引进的设备差，使得越来越多的生产者逐渐接受了。例如，华南农业大学无土栽培技术研究室研制的深液流水培装置、简易槽式基质培（或袋培）营养液滴灌设施以及浙江农科院研制的浮板毛管水培技术等。每667平方米大棚的投资均在10万元以下，有些甚至低至2万～3万元。这在经济较为发达的地区和难以种植作物的地区作为生产高档蔬菜和反季节（错季）作物的生产上的应用越来越广泛，其经济效益较高。但无论如何都需要有较大的投资，目前是无法克服的，只有通过无土栽培的高产、优质生产，来提高经济效益。

（二）技术要求高

无土栽培生产过程的营养液配制、供应以及在作物种植过程中的调控相对于土壤种植来说，均较为复杂。在无固体基质的无土栽培中，营养液的浓度和组成的变化较快，而有固体基质栽培类型中营养液供应之后在基质中的变化也不易掌握。再加上作物生长过程还需对大棚或温室的其他环境条件进行必要的调控，这就对技术上提出了较高的要求。管理人员必须有较高的素质，否则难以取得良好的种植效果。现在通过一些工厂预先配制好不同作物无土栽培专用的固体肥料以及自动化设备的采用，简化了操作上的复杂程度。

（三）管理不当，容易发生并迅速传播某些病害

无土栽培生产是在棚室内进行的，其环境条件不仅有利于作物生长，而且在一定程度上也利于某些病原菌的生长，如轮枝菌属和镰刀菌属的病菌，特别是在营养液循环的无土栽培设施中和在高温高湿的环境条件下更易快速繁殖而浸染植物。如果管理不当，致使无土栽培的设施、种子、基质、生产工具等的清洗和消

毒不够彻底，工作人员操作不注意等原因，易造成病害的大量繁殖，严重时甚至造成大量作物死亡，最终导致种植失败。因此，为了取得无土栽培的成功，很重要的一点是要加强管理，增强技术人员的责任心，同时注意每一生产环节都严格按要求进行，杜绝对作物生长产生不良影响的可能，同时在每一环节中要落实责任到人，每一生产过程均应有详细的记录，以便在出现问题时能够及时找出原因。

因此，经营无土栽培，没有一定的基础知识和技术培训，而贸然从事，将容易招致经营的失败。

四、蔬菜无土栽培技术发展历史、现状与展望

古老的无土栽培，在我国可追溯到远古的年代，如豆芽菜的生产就是其中之一，至少在宋代(公元 10 世纪)就盛行于我国，同时人们早就知道利用盘、碟盛水养水仙花、风信子和栽蒜苗；南方船户还巧妙地在船尾随水漂流一个竹筏加缚草绳的装置在水面栽培空心菜。当然，科学的无土栽培在我国起步较晚。我国最早是 1941 年由陈子原在上海开办了一家水培生产蔬菜的四维农场，采用基质培生产少量番茄应市，但由于生产成本太高，两年后就倒闭了。抗日战争胜利后，美军驻南京的空军由于不习惯于东方人用人粪尿浇泼蔬菜的种植方式，开始在南京御道街设有砾培水培场，生产生菜、小萝卜等蔬菜，满足其自身对洁净生食菜的需求，由于其系不计成本，人们都认为是不可能在我国推广应用的玩意儿。

我国最早将无土栽培技术应用于生产的则首推 1969 年中国台湾龙潭农校进行蔬菜和花卉的无土栽培。大陆则首推山东农业大学于 1975 年最先使用无土栽培技术种植供“特需”用的无子西瓜、番茄、黄瓜等蔬菜，但均未能形成商品性的规模经营与生产。

直到 20 世纪 80 年代随着我国改革开放和旅游业的发展，各开放城市港口的涉外单位对洁净、无污染的生食菜的需求激增，农业部和东南地区各省市及时组织“七五”科技攻关，研究开发符合国情国力的无土栽培设施与配套技术，经园艺和农业工程科技人员5年的协作攻关，通过引进消化吸收，研制成符合国情国力的基质培、营养液膜技术和深水培等实用技术，生产出生菜、黄瓜、番茄等洁净生食菜，满足了涉外宾馆、大油田和南海礁岛驻军对特需蔬菜的需求，取得了较高的社会经济生态效益，使我国的无土栽培技术从试验研究阶段跨进了商品化生产阶段。“八五”期间，继续立项攻关，终于开发出我国自行设计，具有高效、节能、节本特点的实用浮板毛管水培(FCH)和有机生态型基质培系统以及反季节的高档蔬菜无土栽培技术等系列成果，至1995年全国无土栽培面积发展到50公顷，涌现出南京市大厂区、无锡市扬名乡和上海市马桥乡无公害园艺场等规模超过4公顷的大型无土栽培基地近10处。“九五”期间科技部将工厂化高效农业示范工程列为国家重大科技产业工程，这是唯一的一项农业产业示范工程项目。它与电动汽车、小康住宅、高清晰度电视等高科技工业产业化项目并驾齐驱，这在我国还是第一次，说明了农业现代化的重要性。国家级的工厂化高效农业示范工程项目总体目标是集成国内外农业高新技术，在北京、上海、辽宁、浙江、广东等5个代表我国不同生态气候型和区域经济特点的省市，建设一批以市场为导向，科技为先导，产业化为目标的科技经济一体化超前型示范工程模式，研究内容主要围绕蔬菜设施栽培的高产、优质、高效。其中蔬菜无土栽培也是主要内容之一。此项目于1996年正式启动，2000年完成。该项目科研经费总投入高达5000万元(中央和地方各投50%)，相当于“七五”、“八五”有关设施园艺重点项目经费总和(500万元)的10倍。与设施园艺工程有关的科研项目，不仅有应用技术的研究，还有基础理论的研究，1998年国家自然科学基金委将“设施园艺高产优质的基础研究”列为重点项目正式启动，这在我国设施园艺工程科学领域，是新中国成立以来第1次，反映出我国的设施园艺工程科技水平已跃上新台阶，也足以说明国家对设施园艺工程的重视。

随着我国国民经济的迅速发展，人民物质文化水平的提高，作为无公害农业象征的无土栽培，备受各级政府和人民群众的重视，新的发展浪潮正在形成。在新形势下，要重视研制适合亚热带地区的无土栽培保护设施的攻关，研究出夏季能防暑降温、防台风暴雨、通气性好，冬季能耐雪压、耐弱光、抗风力强的连栋温室或大棚；研究开发成型化、轻量化、无污染的商品化轻基质；研究基质、培养液再利用技术，海水、盐水利用技术，防病虫技术，防止产品污染和环境污染的技术，以及种类品种多样化的高效集约型技术，规模化、集中化的生产经营管理技术等。

第二节　蔬菜无土栽培的分类

无土栽培从早期的实验室研究开始到现在在生产上的大规模应用，已有100多年的历史。在这期间，已从1859－1865年德国科学家萨克斯(Sachs)和克诺普(Knop)最早用于植物生理研究的无土栽培模式，发展到许许多多的无土栽培类型和方法。将这些浩繁的无土栽培类型进行科学的、详细的分类是不容易的，有许多人尝试着从不同的角度来进行分类，大多数人根据植物根系生长环境的不同，把无土栽培分为无固体基质栽培和有固体基质栽培两大类型。而这两大类型中，又可根据固定植物根系的材料不同和栽培技术上的差异分为多种类型。

一、固体基质栽培

固体基质无土栽培是指作物根系生长在各种天然或人工合成的固体基质环境中，通过固定基质固定根系，并向作物供应营养和氧气的方法。基质培可以很好地协调根际环境的水、气矛盾，而且投资少，便于就地取材进行生产。

固体基质栽培可以根据选用的基质不同而分为不同的类型，如以泥炭、锯木屑、秸秆、菇渣等有机基质为栽培基质的栽培方式称为有机基质培，而以炉渣、珍珠岩、蛭石等无机基质为栽培基质的栽培方式称为无机基质培。

固体基质栽培还可以根据栽培形式的不同而分为基质袋培、槽培或垄培和立体基质培。所谓的槽式基质培是指把盛装基质的容器做成一个种植槽，然后把种植所需的基质以一定的深度堆填在种植槽中进行种植的方法。例如，沙培、砾培等。槽式基质培适宜于种植大株型和小株型的各种植物。所谓的袋式基质培是指把种植植物的生长基质在未种植植物之前用塑料薄膜袋把基质包装成一袋袋，在种植时把这些袋装的基质放置在大棚或温室中，然后根据株距的大小在种植袋上切开一个孔，以便在这个孔中种植植物的方法。由于袋式基质培的搬运问题，一般不用容重较大的基质，而是用容重较小的轻质基质，例如，岩棉袋培、锯木屑袋培等。袋式基质培较为适用于种植大株型的作物，如番茄、黄瓜、甜瓜等。因袋式基质培的株行距较大，不适宜种植小株型的植物。立体基质培是指将固体基质装入长形袋状或柱状的立体容器中，竖立排列于温室之中，容器四周螺旋状开孔，以种植小株型作物的方法。

此外，有机生态型无土栽培方式是近年来兴起的一种新型无土栽培方式，是指用基质代替天然土壤，使用有机固态肥并直接用清水灌溉作物代替传统营养液灌溉植物根系的一种栽培技术。

二、无固体基质栽培

无固体基质无土栽培类型是指根系生长的环境中没有使用固体基质来固定根系，根系生长在营养液或含有营养的潮湿空气之中。它又可以分为水培和雾培两种类型。

（一）水培

植物根系直接生长在营养液液层中的无土栽培方法。它又可根据营养液液层的深浅不同分为多种类型，其中包括以 1～2 厘米左右的浅层流动营养液来种植植物的营养液膜技术；营养液液层深度最少也有 4～5 厘米，最深为 8～10 厘米（有时可以更深）

的深液流水培技术，以及在较深的营养液液层(5～6 厘米)中放置一块上铺无纺布的泡沫塑料，根系生长在湿润的无纺布上的浮板毛管水培技术。有些地方如山东农业大学、华南农业大学早期应用的半基质栽培是在一个种植槽上放上一个定植网框，并在这个定植网框中放入一些泥炭、沙或砻糠灰等固体基质，待植株稍大、有部分根系伸入定植网框下部种植槽中营养液层而吸收营养液的方法。它实际上可以看作为一种水培。

（二）喷雾培

喷雾培又可称为雾培或气培。它是将植物根系悬空在一个容器中，容器内部装有喷头，每隔一段时间通过水泵的压力将营养液从喷头中以雾状的形式喷洒到植物根系表面，从而解决根系对养分、水分和氧气的需求。喷雾培是目前所有的各种无土栽培技术中解决根系氧气供应最好的方法，但由于喷雾培对设备的要求较高，管理不甚方便，而且根际温度受到气温的影响较大，易随气温的升降而升降，变幅较大，需要较好的控制设备，而且设备的投资也较大，因此，在实际生产中应用的并不多。

喷雾培中还有一种类型不是将所有的根系均裸露在雾状营养液空间，而是有部分根系生长在容器(种植槽)中一层营养液层中，另一部分根系生长在雾状营养液空间的无土栽培技术，称为半喷雾培。有时也可把半喷雾培看做是水培的一种。

第三节　无土栽培经济效益分析

无土栽培是一种高技术含量、高投入，同时也是一种高产出、高效益的现代化农业技术。在可靠的技术作为后盾支持下，利用无土栽培技术生产的产品具有高产、优质以及利用温室或大棚等保护设施来控制环境条件进行错季(反季节)生产的优势，将这些高档蔬菜、瓜果打入市场，可以取得较好的经济效益。

提高作物产量、改善作物品质、争取反季栽培是提高无土栽培经济效益的一个重要方面；要取得较好的经济效益的另一方面，还必须根据市场的情况以及当地气候条件来合理进行茬口安排，使得无土栽培设施能够周年均衡地生产。同时还必须要有一定的生产规模才会产生规模效益，并在一定规模的基础上，降低基础建设投资，调动管理人员和生产员工的积极性，降低生产成本，挖掘企业潜力，从多方面在整体上体现出其高的经济效益。

本节分析了进行无土栽培生产过程中的成本构成、降低成本的可能性，并通过几个有代表性的生产技术来考究无土栽培生产的经济效益问题。各地生产单位因所处的地理位置、销售渠道和生产管理方法上可能存在着很大的差异，因此，本节所介绍的内容与读者的情况不一定非常吻合，仅供参考。

一、无土栽培生产的成本构成

建立一个生产性的无土栽培基地或企业，其生产成本包括基础建设投资费用(直接投资费用)、进行设施维护和管理及栽培过程中的直接生产成本、产品在销售过程中的销售成本以及其他的不可预见的费用这 4 个方面：

（一）基础建设投资

它包括了建设作为生产用途的设施的建设费用，购置生产上常用的诸如小型酸度计、电导率仪、小型运输工具和其他生产工具等设备的设备购置费、土地租金或征地费用等。这些设施、设备的建设和购置费用以及土地租金等的总和即为无土栽培生产的直接投资费用。按照建设的设施、设备使用寿命来分摊每年的直接投资费用，或者为了加快投资回收而定的、且通常要比设施、设备实际使用寿命的年限更短的经济折旧年限来分摊每年的直接投资费用称为年折旧费。进行无土栽培生产基地或企业时的直接投资费用还包括了资金的贷款利息等。

（二）直接生产成本

是指无土栽培生产过程中直接用于生产的开支费用，它包括了：

1. 肥料费用　指生产过程消耗的肥料的成本。

2. 种植种苗费用　用于购买种子种苗的费用。

3. 水电费　作物种植过程消耗于灌溉或营养液循环和管理员工的生活用水用电的费用。

4. 农药费用　用于放置病虫害和进行设施、设备消毒的农药的费用。

5. 员工工资　进行无土栽培生产管理和操作的员工的工资。

6. 其他支出　如温室或大棚的日常维护、保养，作物藤蔓的支撑等的开支。

（三）销售成本

用于无土栽培产品在市场销售时的各项支出，包括广告宣传费、产品包装费、运输费、产品的运输和销售过程的损耗和其他的销售费用。

（四）不可预见费用

在产品的生产、销售过程中出现的、未在上述费用中提及的各种不可预见开支。例如，由于灾害性天气而引起的损失或由于其他原因而造成的损失等。

上述的四大类的成本总和即为整个生产基地或企业的生产总成本。在进行无土栽培生产基地的经济核算时，可进行一茬、几茬作物的核算，也可以进行年度核算，还可以进行数年生产周期的经济效益的总核算，这可根据各企业的财务制度而定。一般多指进行年度经济核算或一茬、几茬作物的经济核算。

二、无土栽培生产的经济核算

无土栽培生产的经济效益如何，要通过相对准确、完整的经济核算来体现。而进行经济核算时要分别计算生产基地的总成本和总产出，并以此来进行经济核算。计算生产基地的总成本时，首先要确定所建成的生产设施的经济折旧年限，以确定每年的折旧费用。例如，所建的设施的实际使用寿命可能达到 8～10 年，为了加快投资的回收时间，将经济折旧年限定为 5 年，就是说，在5年之内来平摊所有的直接投资费用，实际上是加大建设后几年内的成本。然后确定生产过程中的每一种作物种植过程中的各项直接生产成本和其他日常开支情况，并将这些开支进行汇总得出每年的总成本。

在进行总产值计算时，要将生产基地的每个大棚按照种植制度的不同来划分为各种计算方式，然后分别计算各种种植制度下的每种作物的产量，然后以每种作物的售价的多少来计算其产值，最后累加各种作物的产值即为生产基地的总产值。如果生产基地除了农产品之外，还兼有其他来源的收入(例如，有些基地还具有观光旅游的收入)，也应一并计算入基地的总产值中。

最后用下列的公式来计算生产基地的年利润、投资收益率以及静态投资回收期：

基地年利润(年收益总额)＝年总收入－年总成本

基地投资收益率＝年收益总额/基地直接投资费用×100％

基地静态投资回收期(年)＝基地总投资/基地年收益总额

如果要更为准确地了解无土栽培生产基地的投资回收情况，就要进行经济效益的动态分析。因为经济效益的动态分析是根据每一年度的投入与产出的折现值变化情况来计算的，特别是较大规模的生产基地的建设常常是分年度来进行的，更应将每一年度的投入与产出逐一计算。通过分析生产基地的资金流向和折现情况，可较准确地掌握生产基地的投入和产出的回报状况。

第二章 营 养 液

根据植物生长对养分的需求，把肥料按一定的数量和比例溶解于水中所配制的溶液称为营养液。无论是有固体基质栽培还是无固体基质栽培的无土栽培形式，都要用到营养液来提供作物生长所需的养分和水分。无土栽培生产的成功与否，在很大程度上取决于营养液配方和浓度是否合适，植物生长过程的营养液管理是否能满足各个不同生长阶段的要求。因此，可以说营养液是无土栽培生产的核心问题。只有深入了解营养液的组成和变化规律及对其进行调控的方法，才能够真正掌握无土栽培生产技术的精髓。有些人认为，只要有了现成的营养液配方，就可以直接拿来使用，甚至认为就算真正掌握了无土栽培技术了，这是很幼稚的想法，特别是大规模无土栽培生产过程中，知其然，而不知其所以然地盲目使用他人的配方，将可能造成不必要的损失。因为在不同的地方，水质、气候和作物品种的差异，都将对营养液的使用效果产生很大的影响。要对营养液真正地掌握，正确地、灵活地使用好营养液，只有通过认真的实践才能取得无土栽培生产的真正成功。

第一节 水的来源及水质要求

不同地方进行无土栽培生产时，由于配制营养液的水的来源不同，可能会或多或少地影响到配制的营养液，有时会影响到营养液中某些养分的有效性，有时甚至严重影响到作物的生长。因此，在进行无土栽培生产之前，要先对当地的水质进行分析检验，以确定所选用的水源是否适宜使用。

一、水的来源

在研究营养液配方及某种营养元素的缺乏症等实验水培时，需要使用蒸馏水或去离子水。在大生产中可使用雨水、井水和自来水，有些地方还可以通过收集温室或大棚屋面的雨水来作为水源。究竟采用何种水源，可视当地的情况而定，但在使用前都必须经过分析化验以确定其适用性如何。

如果以自来水作为水源使用，因其价格较高而提高了生产成本。但由于自来水是经过处理的，符合饮用水标准，因此，作为无土栽培生产的水源在水质上是较有保障的。

如果以井水作为水源，要考虑到当地的地层结构，开采出来的井水也要经过分析化验。

如果是通过收集雨水作为水源，因降雨过程会将空气中的尘埃和其他物质带入水中，因此，要将收集的雨水澄清、过滤，必要时可加入沉淀剂或其他消毒剂进行处理。如果当地空气污染严重，则不能够利用雨水作为水源。一般而言，如果当地的年降雨量超过 1000 毫米以上，则可以通过收集雨水来完全满足无土栽培生产的需要。

有些地方在开展无土栽培生产时也可用较为清洁的水库水或河水作为水源。要特别注意的是不能够利用流经农田的水作为水源。在使用前要经过处理及分析化验来确定其是否可用。

二、水质的要求

无土栽培的水质要求比一般农田灌溉水的要求高，但可低于饮用水的水质要求。水质要求的主要指标分述如下：

（一）硬度

根据水中含有钙盐和镁盐的数量可将水分为软水和硬水两大类型。硬水中的钙盐主要是重碳酸钙[$Ca(HCO_3)_2$]、硫酸钙（$CaSO_4$）、氯化钙（$CaCl_2$）和碳酸钙（$CaCO_3$），而镁盐主要为氯化镁（$MgCl_2$）、硫酸镁（$MgSO_4$）、重碳酸镁[$Mg(HCO_3)_2$]和碳酸镁

($MgCO_3$)等。而软水的这些盐类含量较低。水的硬度统一用单位体积的 CaO 含量来表示，即每度相当于 10 毫克 CaO/升。

表 2—1 水的硬度划分标准

硬　度	相当于 CaO 含量(毫克 CaO/升)	名　称
0°～4°	0～40	极软水
4°～8°	40～80	软水
8°～16°	80～160	中硬水
16°～30°	160～300	硬水
＞30°	＞300	极硬水

硬水由于含有钙盐、镁盐较多，因此，一方面其 pH 值较高，另一方面在配制营养液时如果按营养液配方中的用量来配制，常会使营养液中的钙、镁的含量过高，甚至总盐分浓度也过高。因此，利用硬水配制营养液时要将硬水中的钙、镁含量计算出来，并从营养液配方中扣除。一般地，利用 15°以下的硬水来进行无土栽培较好，硬度太高的硬水不能够作为无土栽培生产的用水，特别是进行水培时更是如此。

（二）酸碱度

范围较广，pH 值 5.5～8.5 之间的均可使用。

（三）溶解氧

无严格要求。最好在未使用之前≥3 毫克 O_2/升。

（四）NaCl 含量

小于 2 毫摩尔/升。

（五）悬浮物

小于 10 毫克/升。利用河水、水库水等要经过澄清之后才可使用。

（六）氯

主要来自自来水中消毒时残存于水中的余氯和进行设施消毒时所用含氯消毒剂如次氯酸钠(NaClO)或次氯酸钙[$Ca(ClO)_2$]残

留的氯，这对植物根有害。因此，水进入栽培槽之后应放置半天，以使余氯散逸后才好定植。

第二节　营养液配制

营养液是无土栽培的核心，必须认真地了解和掌握，才能真正掌握无土栽培技术。配制营养液一般配制浓缩贮备液(也叫母液)和工作营养液(或叫栽培营养液,即直接用来种植作物)两种。生产上一般用浓缩贮备液稀释成工作营养液，所以前者是为了方便后者而配制，如果有大容量的容器或用量较少时也可以直接配制工作营养液。

一、营养液配制原则

(1) 营养液必须含有植物生长所必需的全部营养元素(除碳、氢、氧之外其余13种:氮、磷、钾、钙、镁、铬、铁、硼、锰、锌、铜、钼、氯)；

(2) 含各种营养元素的化合物必须是根部可以吸收的状态，即可以溶于水的呈离子状态；

(3) 营养液中各营养元素的数量比例应是符合植物生长发育要求的、均衡的；

(4) 营养液中各营养元素的无机盐类构成的总盐分浓度及其酸碱反应应是适合植物生长要求的；

(5) 组成营养液的各种化合物，在栽培植物的过程中，应在较长时间内保持其有效状态；

(6) 组成营养液的各种化合物的总体，在被根吸收过程中造成的生理酸碱反应应是比较平稳的。

二、营养液浓度的计算与表示方法

用以表示营养液浓度的方法很多，常用的主要有以下两类表示方法：

（一）直接表示法

在一定重量或一定体积的营养液中，用所含有的营养元素或化合物的量来表示营养液浓度的方法统称为直接表示法。在无土栽培的营养液配制中最常用的是用一定体积的营养液含有营养元素或化合物的数量来表示其浓度。

1. 化合物重量/升（克/升，毫克/升） 即每升营养液中含有某种化合物重量的多少。常用克/升或毫克/升来表示。例如，一个配方中 $Ca(NO_3)_2 \cdot 4H_2O$、KNO_3、KH_2PO_4 和 $MgSO_4 \cdot 7H_2O$ 的浓度分别为 590 毫克/升、404 毫克/升、136 毫克/升和 246 毫克/升，即表示按这个配方配制的营养液中，每升营养液含有 $Ca(NO_3)_2 \cdot 4H_2O$、KNO_3、KH_2PO_4 和 $MgSO_4 \cdot 7H_2O$ 分别为 590 毫克、404 毫克、136 毫克和 246 毫克。

由于在配制营养液的具体操作时是以这种浓度表示法来进行化合物称量的，因此，这种营养液浓度的表示法又称工作浓度或操作浓度。

2. 元素重量/升（克/升，毫克/升） 指在每升营养液中某种营养元素重量的多少。常用克/升或毫克/升来表示。例如，一个配方中营养元素氮、磷、钾的含量分别为 150 毫克/升、80 毫克/升和 170 毫克/升，即表示这一配方中每升含有营养元素氮 150 毫克、磷 80 毫克和钾 170 毫克。

用这种单位体积中营养元素重量表示营养液浓度的方法在营养液配制时不能够直接应用，因为实际称量时不能够称取某种元素，因此，要把单位体积中某种营养元素含量换算成为某种营养化合物才能称量。在换算时首先要确定提供这种元素的化合物形态究竟是什么，然后才将提供这种元素的化合物所含该元素的百分数来除以这种元素的含量。例如，某一配方中钾的含量为 160 毫克/升，而此时的钾是由硝酸钾来提供的，查表或计算可知硝酸钾含钾量为 38.67%，则该配方中提供 160 毫克钾所需要 KNO_3 的数量＝160 毫克÷38.67%＝413.76 毫克，也即要提供

160 毫克的钾需要有 413.76 毫克的 KNO_3。

用单位体积元素重量来表示的营养液浓度虽然不能够作为直接配制营养液来操作使用，但它可以作为不同的营养液配方之间浓度的比较。因为不同的营养液配方提供一种营养元素可能会用到不同的化合物，而不同的化合物中含有某种营养元素的百分数是不相同的，单纯从营养液配方中化合物的数量难以真正了解究竟哪个配方的某种营养元素的含量较高，哪个配方的较低。这时就可以将配方中的不同化合物的含量转化为某种元素的含量来进行比较。例如，一个配方的氮源是以 $Ca(NO_3)_2 \cdot 4H_2O$ 1.0 克/升来提供的，而另一配方的氮源是以 NH_4NO_3 0.4 克/升来提供的。单纯从化合物含量来看，前一配方的含量比后一配方的多了 1.5 倍，不能够比较这两种配方氮的含量的高低。经过换算后可知，1.0 克/升 $Ca(NO_3)_2 \cdot 4H_2O$ 提供的氮为 118.7 毫克/升，而 0.4 毫克/升 NH_4NO_3 提供的氮为 140 毫克/升，这样就可以清楚地看到后一配方的氮含量要比前一配方的高。

3. 摩尔/升　指在每升营养液中某种物质的摩尔数。而某种物质可以是化合物(分子)，也可以是离子或元素。每一摩尔某种物质的数量相当于这种物质的分子量、离子量或原子量，其质量单位为克。例如，1 摩尔的钾元素相当于 39.1 克，1 摩尔的钾离子相当于 39.1 克，1 摩尔的硝酸钾(KNO_3)相当于 101.1 克。

由于无土栽培营养液的浓度较低，因此，常用毫摩尔/升来表示。1 摩尔/升＝1000 毫摩尔/升。

在配制营养液的操作过程中，不能够以毫摩尔/升来称量，需要经过换算成重量/升后才能称量配制。换算时将每升营养液中某种物质的摩尔数与该物质的分子量、离子量或原子量相乘，即可得知该物质的用量。例如，2 摩尔/升的 KNO_3 相当于 KNO_3 的重量＝2 摩尔/升×101.1 克/摩尔＝202.2 克/升。

（二）间接表示法

1. 电导率　由于配制营养液所用的原料大多数为无机盐类，而这些无机盐类多为强电解质，在水中电离为带有正负电荷的离子，因此，营养液具有导电作用。其导电能力的大小用电导率来表示。电导率是指单位距离的溶液其导电能力的大小。它通常以毫西门子/厘米或微西门子/厘米来表示（以前用毫欧姆/厘米或微姆欧来表示，现已不用此单位）。

因为作为配制营养液的盐类溶解于水后而电离为带正负电荷的离子，因此，营养液的浓度又称为盐度或离子浓度。营养液中的盐度不同，其导电性也不相同。在一定的浓度范围之内，营养液的电导率随着浓度的提高而增加；反之，营养液浓度较低时，其电导率也降低。因此，通过测定营养液中的电导率可以反映其盐类含量，也即可以反映营养液的浓度。

通过测定营养液的电导率只能够反映其总的盐分含量，不能够反映出营养液中个别无机盐类的盐分含量。当种植作物时间较长之后，由于根系分泌物、根系生长过程脱落的外层细胞以及部分根系死亡之后，在营养液中腐烂分解和在硬水条件下钙、镁、硫等元素的累积也可提高营养液的电导率，此时通过电导率仪测定所得的电导率值并不能够反映营养液中实际的盐分含量。为解决这个问题，应对使用时间较长的营养液进行个别营养元素含量的测定，一般在生产中可每隔 1.5 个月或 2 个月左右测定一次大量元素的含量，而微量元素含量一般不进行测定。如果发现养分含量太高，或者电导率值很高而实际养分含量较低的情况，应更换营养液，以确保生产的顺利进行。

在无土栽培生产中为了方便营养液的管理，应根据所选用的营养液配方为 1 个剂量，并以此为基础浓度（S），然后以一定的浓度梯度差（如每相距 0.1 或 0.2 个剂量）来配制一系列浓度梯度差的营养液，并用电导率仪测定每一个级差浓度的电导率值。由于营养液浓度（S）与电导率值（EC）之间存在着正相关的关系，这种正相关的关系可用线性回归方程来表示：

$\mathrm{EC}=a+bS$（a、b 为直线回归系数）

例如，山崎（1987）用园试配方的不同浓度梯度差所配制的营养液的电导率值见表2—2。从表中的数据可以计算出电导率与营养液浓度之间的线性回归方程为：

$EC=0.279+2.12S$ （$r_{(10)}=0.9994$）

通过实际测定得到某个营养液配方的电导率值与浓度之间的线性回归方程之后，就可在作物生长过程中，测定出营养液的电导率值，并利用此回归方程来计算出营养液的浓度，依此判断营养液浓度的高低来决定是否需要补充养分。

表2—2　园试配方各浓度梯度差的营养液电导率值（山崎，1987）

浓度梯度	测得的电导率	各浓度级差大量元素含量（毫克/升）
2.0	4.465	4.80
1.8	4.030	4.32
1.6	3.685	3.84
1.4	3.275	3.36
1.2	2.865	2.88
1.0	2.435	2.40
0.8	2.000	1.92
0.6	1.575	1.44
0.4	1.105	0.96
0.2	0.628	0.48

上述的园试配方如果确定为1个剂量的浓度来种植作物，在生产中把需要补充的浓度下限定为0.4个剂量，而且每次补充营养时都将营养液浓度补充到1.0个剂量。如果在作物某个生长时期测定营养液的电导率值为0.65毫西门子/厘米，经代入上述回归方程计算：

$S=(0.65-0.279)/2.12=0.18<0.4$

由此可知，此时的营养液浓度只有0.18个剂量，低于营养补充的浓度下限0.4个剂量，因此需补充营养。而营养补充的多少剂量可将原先确定需要补充恢复的浓度与实际所测定的浓度之间的差值来计算。这样计算出来的只是需补充的剂量水平，还要通过计算营养液配方中的各种化合物的实际用量来补充。具体计算方法：分别计算出单位体积(升)补充营养恢复的浓度和实际测定当时营养液浓度各种化合物的用量，计算出这两个浓度水平下各种化合物用量的差值，然后根据种植系统中营养液的体积来具体算出各种化合物用量（表2—3）。

表2—3　园试配方各营养化合物补充量的计算

化合物	A：补充恢复营养液剂量(1.0)养分用量（克/升） B：实际测得剂量(0.18)下的养分存有量[1]（克/升） C：单位体积养分的补充量[2]（克/升） D：整个种植系统中养分的补充量[3]（克/1000升为例）			
	A	B	C	D
$Ca(NO_3)_2 \cdot 4H_2O$	0.945	0.170	0.775	775
KNO_3	0.809	0.146	0.663	663
$NH_4H_2PO_4$	0.153	0.03	0.150	150
$MgSO_4 \cdot 7H_2O$	0.493	0.09	0.484	484

注：(1) 实际测定剂量(0.18)的营养液的养分存有量＝配方中各化合物用量实际测定的剂量(0.18)；

(2) 单位体积养分补充量C＝A－B；

(3) 整个种植系统养分补充量＝C(克/升)整个种植系统营养液的体积(升)。

由于营养液配方不同，其所含的各种营养物质的种类和数量也不一样，这些都会影响营养液的电导率值的差异。因此，各地要根据当地选定配方和水质的情况，实际配制不同浓度梯度水平的营养液来测定其电导率值，以建立能够真实反映情况、较为准确的营养液浓度和电导率值之间的线性回归关系。

在无土栽培生产中，由于作物品种不同、生育期不同、栽培季节不同和水质、肥料原料纯度等的不同，会使营养液的电导率也不相同。某种作物适宜的电导率水平，应根据当地的情况经试验后才能够确定，不同作物、不同栽培季节甚至同一作物不同的生育期也不尽相同，没有一个统一的标准。一般地，在作物生长前期和在作物蒸腾量较大的夏秋季节，营养液浓度可较低一些，一般控制在电导率不超过 3 毫西门子/厘米；而在生长盛期、营养液吸收量最大的时期，电导率也尽量不要超过 5～6 毫西门子/厘米，否则可能造成营养液浓度过高而对作物产生伤害。

可根据下列经验公式，利用测定的电导率值来估计营养液中总盐分浓度：

营养液总盐分浓度（克/升）＝1.0EC（毫西门子/厘米）

式中的 1.0 是多次测定总盐分浓度与营养液电导率值之间相互关系的近似值。如果要准确地了解某一配方浓度与电导率值之间的关系，还得经过实际测定才行。

营养液的电导率值与其渗透压之间也可用一个经验公式来表示：

渗透压(P,atm)＝0.36EC(毫西门子/厘米)

2. 渗透压(Osmosis)　渗透压是指半透性膜(水等分子较小的物质可自由通过而溶质等分子较大的物质不能透过的膜)阻隔的两种浓度不同的溶液时，水从浓度低的溶液经过半透性膜而进入浓度高的溶液时所产生的压力。浓度越高，渗透压越大。因此，可以利用渗透压来反映溶液的浓度。

植物根细胞的原生质膜为半透性的。根系生长在介质中，当营养液的浓度低于根细胞内溶液的浓度时，营养液的水可透过根细胞的原生质膜而进入根细胞；相反，当营养液浓度高于根细胞内的溶液浓度时，根细胞中的水，反而会通过原生质膜而渗透到营养液中，这个过程即为生理失水。生理失水严重时植物会出现萎蔫甚至缺水死亡。因此，渗透压可以作为反映营养液浓度是否适宜作物生长的重要指标。

渗透压的单位用帕(Pa)表示。它与大气压(atm)的关系为：1atm=101 325Pa

渗透压的测定可以用冰点下降法、蒸气压法和渗透计法等来进行，但测定的方法很烦琐，不易进行，一般可用下列的范特荷甫(Van'tHoff)稀溶液的渗透压定律的溶液渗透压计算公式来进行理论计算：

$$P=C\ 0.0224(273+t)/273$$

式中：P 为溶液的渗透压，以大气压为单位；C 为溶液的浓度，以溶液中所有的正负离子的总浓度来表示，以每升毫摩尔为单位；t 为溶液的液温(℃)。

表 2—4 为华南农业大学番茄配方 1 个剂量时的各种化合物用量及各种正负离子的浓度。从表中可知该营养液配方的正负离子合计的总浓度为 19.5 毫摩尔/升，假定是在 25℃时使用该营养液，可通过代入上式计算得到其渗透压值：

$$P=19.5\times0.0224(273+25)/273=0.4768$$

对已知各种溶质物质及浓度的溶液可以采用上述方法来进行溶液渗透压的理论计算。如果溶液的浓度是未知的，例如种植一段时间之后的营养液，由于营养液中的化合物被植物吸收之后而使其浓度成为未知数，则不能用公式计算出其渗透压了。但可以通过测定营养液的电导率值，利用电导率值与渗透压之间的经验公式来计算此时营养液的渗透压。

表 2—4 华南农业大学番茄配方 1 个剂量的化合物及离子浓度（毫摩尔/升）
（华南农业大学无土栽培技术研究室，1994）

化合物	化合物浓度（毫克/升）	离子浓度（毫摩尔/升）	小计（毫摩尔/升）
$Ca(NO_3)_2 \cdot 4H_2O$	594	Ca^{2+}：2.5，NO_3^-：5.0	7.5
KNO_3	404	K^+：4.0，NO_3^-：4.0	8.0
KH_2PO_4	136	K^+：1.0，$H_2PO_4^-$：1.0	2.0
$MgSO_4 \cdot 7H_2O$	246	Mg^{2+}：1.0，SO_4^{2-}：1.0	2.0
合计：19.5 毫摩尔/升			

三、营养液配制方法

（一）母液配制

为了防止在配制母液时产生沉淀，不能将配方中的所有化合物放置在一起溶解，因为浓缩后有些离子的浓度的乘积超过其溶度积常数而会形成沉淀。所以应将配方中的各种化合物进行分类，把相互之间不会产生沉淀的化合物放在一起溶解。为此，配方中的各种化合物一般分为 3 类，配制成的浓缩液分别称为 A 母液、B 母液、C 母液。

A 母液以钙盐为中心，凡不与钙作用而产生沉淀的化合物均可放置在一起溶解。一般包括 $Ca(NO_3)_2$、KNO_3，浓缩 100～200 倍。

B 母液以磷酸盐为中心，凡不与磷酸根产生沉淀的化合物都可溶在一起，一般包括 $NH_4H_2PO_4$、$MgSO_4$，浓缩 100～200 倍。

C 母液是由铁和微量元素合在一起配制而成的，由于微量元素的用量少，因此，其浓缩倍数较高，可配制成 1000～3000 倍液。

在配制各种母液时，母液的浓缩倍数一方面要根据配方中各种化合物的用量和在水中的溶解度来确定，另外一方面以方便操作的整数倍为宜。浓缩倍数不能太高，否则，可能会使化合物过饱和而析出，而且在浓缩倍数太高时，溶解也较慢。

配制浓缩贮备液的步骤：按照要配制的浓缩贮备液的体积和浓缩倍数计算出配方中各种化合物的用量，依次正确称取A母液和B母液中的各种化合物称量，分别放在各自的储液容器中，肥料一种一种加入，必须充分搅拌，且要等前一种肥料充分溶解后才能加入第2种肥料，待全部溶解后加水至所需配制的体积，搅拌均匀即可。在配制C母液时，先量取所需配制体积2/3的清水，分为两份，分别放入2个塑料容器中，称取$FeSO_4 \cdot 7H_2O$和EDTA－2Na分别加入这2个容器中，搅拌溶解后，将溶有$FeSO_4 \cdot 7H_2O$的溶液缓慢倒入EDTA－2Na溶液中，边加边搅拌；然后称取C母液所需的其他各种微量元素化合物，分别放在小的塑料容器中溶解，再分别缓慢地倒入已溶解了$FeSO_4 \cdot 7H_2O$和EDTA－2Na的溶液中，边加边搅拌，最后加清水至所需配制的体积，搅拌均匀即可。

（二）工作液配制

利用母液稀释为工作营养液时，在加入各种母液的过程中，也要防止沉淀的出现。配制步骤为：应在储液池中放入需要配制体积的1/2～2/3的清水，量取所需A母液的用量倒入，开启水泵循环流动或搅拌器使其扩散均匀，然后再量取B母液的用量，缓慢地将其倒入储液池中的清水入口处，让水源冲稀B母液后带入储液池中，开启水泵将其循环或搅拌均匀，此过程所加的水量已达到总液量的80%为好。最后量取C母液，按照B母液的加入方法加入储液池中，经水泵循环流动或搅拌均匀即完成工作营养液的配制。

在生产中，如果一次需要的工作营养液量很大，则大量营养元素可以采用直接称量配制法，而微量营养元素可采用先配制成C母液再稀释为工作营养液的方法。具体的配制步骤为：在种植系统的储液池中放入所要配制营养液总体积1/2～2/3的清水，称取相当于A母液的各种化合物，放在容器中溶解后倒入储液池中，开启水泵循环流动；然后称取相当于B母液的各种化合物，放入容器中溶解后，用大量清水稀释后缓慢地加入储液池的水源入口处，开动水泵循环流动；再量取C母液，用大量清水稀释，在储液池的水源入口处缓慢倒入，开启水泵循环流动至营养液均匀为止。

在荷兰、日本等国家，现代化温室中进行大规模无土栽培生产时，一般采用A、B两种母液罐，A罐中主要含硝酸钙、硝酸钾、硝酸铵和螯合铁，B罐中主要含硫酸钾、硝酸钾、磷酸二氢钾、硫酸镁、硫酸锰、硫酸铜、硫酸锌、硼砂和钼酸钠，通常制成100倍的母液。为了防止母液罐出现沉淀，有时还配备酸液罐以调节母液酸度。整个系统由计算机控制调节、稀释、混合形成灌溉营养液。

（三）营养液配制的操作规程

为了避免在配制营养液的过程中出差错而影响到作物的种植，需要建立一套严格的操作规程，内容应包括：

（1）营养液原料的计算过程和最后结果要多次核对，确保准确无误。

（2）称取各种原料时，要反复核对称取数量的准确性，并保证所称取的原料名称相符，切勿张冠李戴。特别是在称取外观上相似的化合物时更应注意。

（3）各种原料在分别称好之后，一起放到配制场地规定的位置上，最后核查无遗漏，才可动手配制。切勿在原料未到齐的情况下匆忙动手操作。

（4）建立严格的记录档案，将配制的各种原料用量、配制日期和配制人员详细记录下来，以备查验。

（四）注意事项

为了防止母液产生沉淀，在长时间贮存时，一般可加硝酸或硫酸将其酸化至pH值3～4，同时应将配制好的浓缩母液置于阴凉避光处保存。母液最好用深色容器贮存。

在直接称量营养元素化合物配制工作营养液时，在储液池中加入钙盐及不与钙盐产生沉淀的盐类之后，不要立即加入磷酸盐及与磷酸盐产生沉淀的其他化合物，而应在水泵循环大约30分钟或更长时间之后再加入。加入微量元素化合物时也要注意，不应在加入大量营养元素之后立即加入。

在配制工作营养液时，如果发现有少量的沉淀产生，就应延长水泵循环流动的时间以使产生的沉淀溶解。如果发现由于配制过程中加入化合物的速度过快，产生局部浓度过高而出现大量沉淀，并且通过较长时间开启水泵循环之后仍不能使这些沉淀溶解时，应重新配制营养液，否则在种植作物的过程中可能会由于某些营养元素沉淀而失效，最终出现营养液中营养元素的缺乏或不平衡而表现出生理失调症状。例如，微量元素铁被沉淀之后出现的作物缺铁失绿症状。

第三节　营养液管理

营养液的管理主要是指在栽培作物过程中循环使用的营养液管理，开放式基质培营养液滴灌系统中的营养液不回收使用，其管理见基质培部分。

作物的根系大部分生长在营养液中，并吸收其中的水分、养分和氧气，从而使其浓度、成分、pH值、溶存氧等都不断发生变化，同时根系也分泌有机物于营养液中及少量衰老的残根脱落于营养液中，致使微生物也会在其中繁殖。外界的温度也时刻影响着液温。因此，必须对上述诸因素的影响进行监测和采取措施予以调控，使其经常处于符合作物生长发育的需要状态。

一、溶存氧（培养液中溶氧量）

生长在营养液中的根系，其呼吸所需的氧，可以有两个来源：溶存于营养液中的氧以及植物体内形成的氧气输导组织从地上部向根系输送的氧。

一般可将作物对氧的要求大致分为3类：不耐淹浸的旱地作物(如大多数蔬菜作物)，其体内不具备氧气输导组织，营养液中溶存氧的供给充足与否是栽培成败的关键因素之一；耐淹浸的旱地作物，此类作物在遇到淹浸环境时会适应形成氧气输导组织。如芹菜、鸭儿芹等。此外，据研究，番茄、节瓜、丝瓜、直叶莴苣也具有这种功能。

培养液的溶氧量依液温或营养液供液方式而有很大变化，尤其是液温升高时，根的呼吸增强，营养液中氧气不足，必须补充氧气，具体补氧气的方法有：搅拌(此法有一定效果,但技术上较难处理,主要是种植槽内有许多根系存在,容易伤根)，用压缩空气通过起泡器向液内扩散微细气泡(此法效果较好,但主要在小盆钵水培上使用,在大生产线上大规模遍布起泡器困难较大,所以一般不采用)，用化学试剂加入液中产生氧气(此法效果尚好,但价格昂贵,生产上目前不可能使用)，将营养液进行循环流动(此法效果很好,是生产上普遍采用的方法,其具体的增氧效果,由于不同设计而有差异,循环时落差大、溅泼面较分散、增加一定压力形成射流等都有利于增大补氧效果)。

二、浓度管理（培养液的补充与调整）

在栽培过程中，营养液会因蒸发和作物蒸腾而逐渐减少，如果随时补充水分，使之保持原有的容积，则又会因盐分的被吸收而使浓度变低。因此，营养液的补充与调整十分重要。

补充与调整的方法有：

（一）按减水量估算补液量

适用于单株作物平均有较多量营养液的无土栽培。果菜类生育盛期每天每株可消耗水分1～2升，叶菜类蔬菜约为0.15～0.2升，但在这一容量里所含的盐分，只有一部分被作物吸收，其数量约为该容积内盐分含量的50％～70％，记录储液槽中的耗液量，当液量减少到原有液量的70％时，就加水到原有液量，再加入补水量所需肥料盐的50％～70％，即可使液量及其浓度恢复到原有水平。

（二）电导率法

纯水并不导电，水中离子愈多，导电能力愈强，据此将营养液配制成不同浓度的标准液，用电导仪测定电导率（*EC*），并绘制成标准曲线。当营养液使用一段时间以后，浓度变低（盐分被吸收，水分补充到原有体积）。可用电导仪测定其电导率，再从标准曲线找出其相应的百分比浓度及应补施之肥料量。例如：浓度减低到原有浓度的60％时，则补施全槽应施肥料的40％，即可使浓度恢复到原有水平。不过电导仪测得的*EC*值与硝态氮的浓度呈显著正相关，而与钾离子等浓度的变化无相关现象，因此，现在有改用离子电极测定的。

（三）养分分析法

培养液使用一段时间之后，需要用化学分析方法测定其浓度，以确定植物吸收量，其测定值与刚配制时营养液中各元素含量的差，可以说明应向营养液中补充各元素的数量，使恢复到原来的浓度。除测定培养液一般元素外，还要测定不同离子如Na^+、SO_4^{2-}、Cl^-是否过量积聚，以及有毒重金属元素是否过量存在。像荷兰等国有专门为农家进行化学分析的咨询机构。

（四）营养液浓度与pH的自动调控装置

目前，荷兰等国还广泛采用微电脑来自动调整培养液浓度与pH值。例如根据日总辐射量来定蒸腾量，根据蒸腾量计算出追肥量，再根据*EC*感受器测得的营养液浓度，通过电脑系统自动补液。

三、pH值的变化与调整

培养液中pH值与作物养分吸收具有密切关系，当pH值发生变化时，养分吸收状况也发生变化，其结果又会影响培养液中pH值的变化。在水培中培养液的pH值变化较复杂，发生变化的原因大体上有以下几点：第一，由于使用固体基质的化学性质的不同引起pH值的变化，例如以岩棉、熏炭为基质的pH值易升高，泥炭则下降，而用珍珠岩其 pH 值的变化最少、最稳定，至于石砾与沙则依其母质的化学成分而异。第二，作物吸收养分时，阴离子与阳离子吸收比例的不同，会使 pH 值发生变化，例如，园试均衡培养液中 NO_3^- 的吸收量多时，使 K、Ca 残留在培养液中使 pH 值上升。第三，水质的化学性质、CO_2 浓度、从根部分泌或腐败而产生的有机酸浓度也会改变 pH 值。

检测培养液 pH 可用 pH 试纸、指示剂及 pH 值测定仪，现在有一种手持简便型数字式的 pH 计较适合田间测定用。

调整 pH 值的方法是以酸或碱来中和，当 pH 值过高时，以酸中和，常用的有硫酸、盐酸、硝酸和磷酸，其用量、种类依培养液的新旧和水质而异，据试验，1 吨水中加 8～10 毫升浓硫酸，可使 pH 值降低 1 个单位左右。长期使用硫酸、盐酸，会使培养液中积累 SO_4^{2-} 、Cl^-、引起 *EC* 值升高，用硝酸来调整 pH 在欧洲广泛使用，又是氮源。岩棉培则多用磷酸来调整（因强酸易溶解纤维），但磷酸易引起铁沉淀而发生缺铁症。除磷酸外，使用各种酸时要注意防止灼伤皮肤。

pH 值过低时，以碱中和，常用的有 KOH 和 NaOH，通常用 10％的溶液来调整。

所有用酸或碱中和时，均需先稀释成 100 倍左右的稀释液（如 8～10 毫升稀释至 1 升），因为少量的高浓度的酸或碱加入大量培养液中，一时不易均匀，务必防止根系不会因遇到过浓的酸碱造成损伤为原则，要少量分次逐渐混入。

另外，还可以利用 pH 自动调节装置来调节培养液中的 pH 值。

四、液温的管理

液温影响作物的养分吸收和培养液中的溶氧量，液温过低影响根系生理活性，抑制了根系对 P、NO_3^-－N 和 K 的吸收，但对 Ca 与 Mg 的吸收影响不大；同时高液温下根系吸收增强，培养液中氧气的浓度下降，易发生根腐烂，而且高液温下 Ca 的吸收也困难，尤其是番茄在高温时易出现缺 Ca，引起脐腐病。因此，液温过高过低均使生长受抑制，其适宜的根际液温与土壤耕作条件下的土温是相同的。

为保持适温，宜进行加温或冷却液温，依水培设施种类的不同，方式也各异。冬季液温加温的方法有：在储液槽下部设加温管(类似热得快)，砾培床还可以在槽内植株下部 5～10 厘米处铺设电热线，于夜间不供液时加温。夏季降低液温还缺少有效的方法，可用地下水或将储液槽修成地下式，设在不受阳光直射处，使营养液加快循环，栽培床上敷设寒冷纱等，均可在一定程度上防止液温升高。

五、营养液的更换

一般来说，用软水配制的营养液，若所选用的配方又比较平衡，则不需经常做酸碱中和。应用此营养液，一茬生长期较长的作物(番茄一茬 5～6 个月)，可在生长中期(约 3 个月)更换 1 次就可以了。生长期短的作物(有的叶菜类种一茬 20～30 天)，可种 3～4 茬更换 1 次，不必每茬收获之后即更换营养液，这样可节省用水。每茬收获时，要将脱落的残根滤去。可在回水口安置网袋或用活动网袋打捞，然后补足所欠的营养成分(以总剂量计算)。如用硬水配制营养液，常需做酸碱中和的，则每个月要更换 1 次。如水质的硬度偏高，更换的时间可能要更缩短，这要根据实际情况来决定。如果一定要使用硬度较高的水源来搞无土栽培，管理人员必须有较高的知识水平和管理经验，并最低限度地配备有电导率仪和酸度计，以应付复杂的局面。

第四节　营养液配方选集

在无土栽培的发展过程中，很多工作者根据种植的作物种类、水质、气候条件以及营养元素化合物来源的不同，组配了许许多多的营养液配方。这里列选的多为经实践证明为良好的营养液配方，我国近十多年来进行大面积无土栽培生产过程中筛选出的有代表性的配方也列选了一些，同时还列选了一些较为特殊的营养液配方，如酰胺态氮型的配方和全铵态氮型配方，供参考。

在选用这里所列的营养液配方时，要明确一点，只要一个营养液配方是生理平衡的，那么它具有一定程度上的通用性，也即不是每一种作物都需要一个相对应的营养液配方，一个生理平衡的营养液配方可能适用于一大类作物，也可能是适用于几类作物或几类作物中的几种作物品种。了解了这一点之后，就能根据读者掌握的理论知识，结合实践经验，对营养液配方进行灵活的运用了。

我们还列出了一种微量元素的通用配方。因微量元素的用量很少，作物的需要量也较少，而且多数作物都有一个很相近的、较窄的适宜浓度范围，因此，微量元素的供应不需要像大量元素那样分为多种营养液配方，只需在大量元素配方中加入数量基本相同的微量元素即可（表 2—5）。

表 2—5　常用营养液配方选

营养液配方名称及适用对象	每升水中含有化合物的毫克数（毫克/升）											每升含有元素毫摩尔数（毫摩尔/升）							备注
	四水硝酸钙	硝酸钾	硝酸铵	磷酸二氢钾	磷酸氢二钾	磷酸氢二铵	硫酸铵	硫酸钾	七水硫酸镁	二水硫酸钙	总盐含量（毫克/升）	N		P	K	Ca	Mg	S	
												NH_4^+—N	NO_3^-—N						
Knop (1865) 古典水培配方	1150	200	—	200	—	—	—	—	200	—	1750	—	11.7	1.47	3.43	4.88	0.82	0.82	现在仍可使用
Hoagland 和 Arnon (1938)	945	607	—	—	—	115	—	—	493	—	2160	1.0	14.0	1.0	6.0	4.0	2.0	2.0	通用配方，1/2 剂量为宜
Hoagland 和 Snyder (1938)	1180	506	—	136	—	—	—	—	693	—	2315	—	15.0	1.0	6.0	5.0	2.0	2.0	通用配方，1/2 剂量为宜

续表

营养液配方名称及适用对象	每升水中含有化合物的毫克数（毫克/升）											每升含有元素毫摩尔数（毫摩尔/升）							备注
	四水硝酸钙	硝酸钾	硝酸铵	磷酸二氢钾	磷酸氢二钾	磷酸氢二铵	硫酸铵	硫酸钾	七水硫酸镁	二水硫酸钙	总盐含量（毫克/升）	N: NH_4^+—N	N: NO_3^-—N	P	K	Ca	Mg	S	
Arnon和Hoagland（1952）	708	1011	—	—	—	230	—	—	493	—	2442	2.0	16.0	2.0	10.0	3.0	2.0	2.0	番茄配方，可通用，1/2剂量为宜
Rothansted配方A（pH4.5）（1952）	—	1000	—	450	67.5	—	—	—	500	500	2518	—	9.89	3.70	14.0	2.9	2.03	2.03	英国洛桑试验站配方，可通用
Rothansted配方B（pH5.5）（1952）	—	1000	—	400	135	—	—	—	500	500	2535	—	9.89	3.72	14.4	2.9	2.03	2.03	
Rothansted配方C（pH6.2）（1952）	—	1000	—	300	270	—	—	—	500	500	2570	—	9.89	3.75	15.2	2.9	2.03	2.03	
Copper（1975）推荐NFT上使用的配方	1062	505	—	140	—	—	—	—	738	—	2445	—	14.0	1.03	6.03	4.5	3.0	3.0	可通用，1/2剂量为宜
荷兰温室作物研究所岩棉培滴灌配方	886	303	—	204	—	—	33	218	247	—	1891	0.5	10.5	7.0	1.5	3.75	1.0	2.5	以番茄为主，可通用
荷兰花卉研究所，岩棉培滴灌配方	660	378	64	204	—	—	—	—	148	—	1394	0.8	8.94	1.5	5.24	2.2	0.6	0.6	以非洲菊为主，可通用

续表

营养液配方名称及适用对象	每升水中含有化合物的毫克数（毫克/升）											每升含有元素毫摩尔数（毫摩尔/升）							备注
	四水硝酸钙	硝酸钾	硝酸铵	磷酸二氢钾	磷酸氢二钾	磷酸氢二铵	硫酸铵	硫酸钾	七水硫酸镁	二水硫酸钙	总盐含量（毫克/升）	N		P	K	Ca	Mg	S	
												NH_4^+ —N	NO_3^- —N						
荷兰花卉研究所，岩棉培滴灌配方	786	341	20	204	—	—	—	—	185	—	1536	0.25	10.3	1.5	4.87	3.33	0.75	0.75	以玫瑰为主，可通用
日本园试配方（堀，1966）	945	809	—	—	—	153	—	—	493	—	2400	1.33	16.0	1.33	8.0	4.0	2.0	2.0	通用配方，1/2剂量为宜
山崎甜瓜配方（1978）	826	607	—	—	—	153	—	—	370	—	1956	1.33	13.0	1.33	6.0	3.5	1.5	1.5	山崎的这些配方是按照吸水吸肥同步的规律n/w值确定的配方，性质较为稳定
山崎黄瓜配方（1978）	826	607	—	—	—	115	—	—	483	—	2041	1.0	13.0	1.0	6.0	3.5	2.0	2.0	吸水吸肥同步的规律 n/w值确定的配方，性质较为稳定
山崎番茄配方（1978）	354	404	—	—	—	77	—	—	246	—	1081	0.67	7.0	0.67	4.0	1.5	1.0	1.0	
山崎甜椒配方（1978）	354	607	—	—	—	96	—	—	185	—	1242	0.83	9.0	0.83	6.0	1.5	0.75	0.75	
山崎莴苣配方（1978）	236	404	—	—	—	57	—	—	123	—	820	0.5	6.0	0.5	4.0	1.0	0.5	0.5	

续表

营养液配方名称及适用对象	每升水中含有化合物的毫克数（毫克/升）											每升含有元素毫摩尔数（mmol/L）							备注
	四水硝酸钙	硝酸钾	硝酸铵	磷酸二氢钾	磷酸氢二钾	磷酸氢二铵	硫酸铵	硫酸钾	七水硫酸镁	二水硫酸钙	总盐含量（毫克/升）	N		P	K	Ca	Mg	S	
												NH_4^+—N	NO_3^-—N						
山崎茄子配方（1978）	354	708	—	—	—	115	—	—	246	—	1423	1.0	10.0	1.0	7.0	1.5	1.0	1.0	
山崎茼蒿配方（1978）	472	809	—	—	—	153	—	—	493	—	1927	1.33	12.0	1.33	8.0	2.0	2.0	2.0	
山崎小芜菁配方（1978）	236	506	—	—	—	57	—	—	123	—	922	0.5	7.0	0.5	5.0	1.0	0.5	0.5	
山崎鸭儿芹配方（1978）	236	708	—	—	—	192	—	—	246	—	1380	1.67	9.0	1.67	7.0	1.0	1.0	1.0	
山崎草莓配方（1978）	236	303	—	—	—	57	—	—	123	—	719	0.5	7.0	0.5	3.0	1.0	0.5	0.5	
华南农业大学果菜配方（1990）	472	404	—	100	—	—	—	—	246	—	1222	—	8.0	0.74	4.74	2.0	1.0	1.0	可通用，pH6.4～7.2
华南农业大学番茄配方（1990）	590	404	—	136	—	—	—	—	246	—	1376	—	9.0	1.0	5.0	2.5	1.0	1.0	可通用，pH6.2～7.8
华南农业大学叶菜A配方（1990）	472	267	53	100	—	—	—	116	264	—	1254	0.67	7.33	0.74	4.74	2.0	1.0	1.67	可通用，pH6.4～7.2

续表

营养液配方名称及适用对象	每升水中含有化合物的毫克数（毫克/升）											每升含有元素毫摩尔数（mmol/L）							备 注
	四水硝酸钙	硝酸钾	硝酸铵	磷酸二氢钾	磷酸氢二钾	磷酸氢二铵	硫酸铵	硫酸钾	七水硫酸镁	二水硫酸钙	总盐含量（毫克/升）	N		P	K	Ca	Mg	S	
												NH_4—N	NO_3—N						
华南农业大学叶菜B配方	472	202	80	100	—	—	—	174	246	—	1274	1.0	7.0	0.74	4.74	2.0	1.0	2.0	可通用，特别是适合易缺铁作物，pH6.1～6.3
华南农业大学豆科配方（1990）	—	322	—	150	—	—	—	—	150	750	1372	—	3.19	1.11	4.3	4.32	0.61	4.97	低含氮配方
山东农业大学西瓜配方（1978）	1000	300	—	250	—	—	—	120	250	—	1920	—	11.5	1.84	6.19	4.24	1.02	1.71	
山东农业大学番茄、辣椒配方（1978）	910	238	—	185	—	—	—	—	500	—	1833	—	10.1	1.75	4.11	3.85	2.03	2.03	

表 2—6 通用微量元素配方

化合物名称/分子式	每升水中含有的化合物毫克数（毫克/升）	每升水含有元素毫克数（毫克/升）
乙二胺四乙酸二钠铁［EDTA—2NaFe（含 Fe14.0%）*］	20～40	2.8～5.6 * *
硼酸/H_3BO_3	2.86	0.5
硫酸锰/$MnSO_4 \cdot 4H_2O$	2.13	0.5
硫酸锌/$ZnSO_4 \cdot 7H_2O$	0.22	0.05
硫酸铜/$CuSO_4 \cdot 5H_2O$	0.08	0.02
钼酸铵/$(NH_4)_6Mo_7O_24 \cdot 4H_2O$	0.02	0.01

* 如无 EDTA—2NaFe，可用 EDTA—2Na 和 $FeSO_4 \cdot 7H_2O$ 合代替。

* * 易缺铁的作物如十字花科的芥菜、菜心、小白菜；旋花科的蕹菜等作物可用高用量。

第三章　固体基质

第一节　基质的作用及选用原则

一、固体基质的作用

在无土栽培中，固体基质的使用是非常普遍的，从用营养液浇灌的作物基质栽培，到营养液栽培中的育苗阶段和定植时利用少量的基质来固定和支持作物，都需要应用各种不同的固体基质。无土栽培常见的固体基质有沙、砾石、锯末、泥炭、蛭石、珍珠岩、岩棉、椰壳纤维等，随着具有良好性能新型基质的不断开发并投入应用，使应用固体基质的作物基质栽培具有性能稳定、设备简单、投资较少、管理较易的优点得到充分发挥，并有较好的实用价值和经济效益，因而被越来越多的栽培者所使用。

（一）支持固定植物的作用

固体基质可以支持并固定植物，使其扎根于固体基质中而不致沉埋和倾倒；并有利于植物根系的伸展和附着。

（二）保持水分的作用

能够作为无土栽培使用的固体基质一般都可以保持一定的水分。例如，珍珠岩可以吸收相当于本身重量 3～4 倍的水分；泥炭则可以吸收保持相当于本身重量 10 倍以上的水分。固体基质吸持的水分在灌溉期间使作物不致失水而受害。

（三）透气的作用

作物的根系进行呼吸作用需要氧气，固体基质的孔隙存有空气，可以供给作物根系呼吸所需的氧。固体基质的孔隙同时也是吸持水分的地方。因此，在固体基质中，透气和持水两者之间存在着对立统一的关系，即固体基质中空气含量高时，水分含量就低，反之亦然。这样，就要求固体基质的性质能够协调水分和空气两者的关系，以满足作物对空气和水分两者的需要。

（四）缓冲的作用

当外来物质或根系本身新陈代谢过程中产生一些有害物质危害作物根系时，缓冲作用会将这些危害化解为无。具有物理化学吸附功能的固体基质都具有缓冲作用，例如，蛭石、泥炭等就有这种功能。具有这种功能的固体基质，通常称为活性基质。无土栽培生产中所用的无机固体基质缓冲作用较弱，其根系环境的物理化学稳定性较差，需要生产者对其进行处理，使其能够保持良好的稳定性。

（五）提供营养的作用

有机固体基质如泥炭、椰壳纤维、熏炭、苇末基质等，可为作物苗期或生长期间提供一定的矿质营养元素。

总之，要求无土栽培用的基质不能含有不利于植物生长发育的有害、有毒物质，能为植物根系提供良好的水、气、肥、热、pH 值等条件，充分发挥其不是土壤胜似土壤的作用；还要能适应现代化的生产和生活条件，易于操作及标准化管理。

二、基质的选用原则

基质是无土栽培中重要的栽培组成材料，因此，基质的选择便是一个非常关键的因素，要求基质不但具有像土壤那样能为植物根系提供良好的营养条件和环境条件的功能，并且还可以为改善和提高管理措施提供更方便的条件。因此，对基质应根据具体情况予以精心选择，基质的选用原则可以从 3 个方面考虑：一是植物根系的适应性；二是基质的适用性；三是基质的经济性。

（一）根系的适应性

无土基质的优点之一，是可以创造植物根系生长所需要的最佳环境条件。气生根、肉质根需要很好的通气性，同时需要保持根系周围的湿度达 80%以上，甚至 100%。粗壮根系要求湿度达

80％以上，通气较好。纤细根系如杜鹃花根系要求根系环境湿度达80％以上，甚至100％，同时要求通气良好。在空气湿度大的地区，一些透气性良好的基质如松针、锯末非常合适，而在大气干燥的北方地区，这种基质的透气性过大，根系容易风干。北方水质碱性，要求基质具有一定的氢离子浓度调节能力，选用泥炭混合基质的效果就比较好。

（二）基质的适用性

基质的适用性是指选用的基质是否适合所要种植的作物。一般来说，基质的容重在0.5左右，总孔隙度在60％左右，大小孔隙比在0.5左右，化学稳定性强（不易分解出影响物质），酸碱度接近中性，没有有毒物质存在时，都是适用的。当有些基质的某些性状有碍作物栽培时，如果采取经济有效的措施能够消除或者改良该性状，则这些基质也是适用的。例如，新鲜甘蔗渣的碳氮比很高，在种植作物过程中会发生微生物对氮的强烈固定而妨碍作物的生长。但经过采用比较简易而有效的堆沤方法，就可使其碳氮比降低而成为很好的基质。

有时基质的某种性状在一种情况下是适用的，而在另一种情况下就变成不适用了。例如，颗粒较细的泥炭，对育苗是适用的，对袋培滴灌则因其太细而视为不适用。栽培设施条件不同，选用的基质也不同。槽栽或钵盆栽可用蛭石、沙子做基质；袋栽或柱状栽培可用锯末或泥炭加沙子的混合基质；滴灌栽培时岩棉是较理想的基质。

世界各国在无土栽培生产中对基质的选择均立足本国实际，例如，日本以水培为主，南非以蛭石栽培居多，加拿大采用锯末栽培，西欧各国岩棉栽培发展迅速。我国可供选用的基质种类较多，各地应根据自己的实际情况选择适当的基质材料。

决定基质是否适用，还应该有针对性地进行栽培试验，这样可提高判断的准确性。

（三）基质的经济性

除了考虑基质的适用性以外，选用基质时还要考虑其经济性。有些基质虽对植物生长有良好的作用，但来源不易或价格太高，因而不宜使用。现已证明，岩棉、泥炭、椰糠是较好的基质。但我国的农用岩棉仍需靠进口，这无疑会增加生产成本。泥炭在我国南方的贮量远较北方少，而且价格也比较高，但南方作物的茎秆、稻壳、椰糠等植物性材料很丰富，如用这些材料作基质，则不愁来源，而且价格便宜。因此，选用基质既要考虑对促进作物生长有良好效果，又要考虑基质来源容易，价格低廉，经济效益高，不污染环境，使用方便（包括混合难易和消毒难易等），可利用时间长以及外观洁美等因素。

第二节　基质种类

无土栽培用的固体基质有许多种，包括岩棉、蛭石、珍珠岩、沙、砾石、泥炭、稻壳、椰糠、锯末、菌渣等，这些基质加入营养液后，能像土壤一样给植物提供氧气、水养分和对植物的支持，同时能够弥补纯水培的一些不足之处，如通气不良，不能调节供给根系的水分条件等。因此，固体基质是无土栽培中极重要的一个部分。

固体基质的分类方法很多，按基质的来源分类，可以分为天然基质和人工合成基质两类。如沙、石砾等为天然基质，而岩棉、泡沫塑料、多孔陶粒等则为人工合成基质。按基质的组成来分类，可以分为无机基质、有机基质和化学合成基质 3 类。炉渣、沙、岩棉、蛭石和珍珠岩等都是无机物组成的为无机基质；锯木屑、泥炭、树皮、菇渣、砻糠灰等由植物有机残体组成的为有机基质；泡沫塑料为化学合成基质。按基质的性质来分类，可以分为活性基质和惰性基质两类。所谓活性基质是指具有盐基交换量或本身能供给植物养分的基质。惰性基质是指基质本身不起供应养分作用或不具有盐基交换量的基质。泥炭、蛭石等含有植物可吸收利用的养分，并且具有较高的盐基交换量，属于活性基质；沙、石砾、岩棉、泡沫塑料等本身既不含养分也不具有盐基交换量，属于惰性基质。按基质使用时组成的物质成分不同，可以分为单一基质和复合基质两类。所谓单一基质是指使用的基质是以一种基质作为植物生长介质的，如沙培、沙砾培使用的沙、石砾，岩棉培的岩棉，都属于单一基质。复合基质是指由两种或两种以上的基质按一定的比例混合制成的基质。现在，生产上为了克服单一基质可能造成的容重过轻、过重、通气不良或通气过盛等的弊病，常将几种基质混合形成复合基质来使用。一般在配制复合基质时，以两种或三种基质混合而成为宜。

一、有机基质

（一）锯木屑

锯木屑是木材加工的下脚料。各种树木的锯木屑成分差异很大。一种锯木屑的化学成分为：含碳48%～54%、戊聚糖14%、纤维44%～45%、树脂1%～7%、灰分0.4%～2%、含氮0.18%、pH值4.2～6.0。

锯木屑的许多性质与树皮相似，但通常锯木屑的树脂、单宁和松节油等有害物质含量较高，而且碳氮比很高，因此锯木屑在使用前一定要经过堆沤处理，堆沤时可加入较多的速效氮混合到锯木屑中共同堆沤，堆沤的时间需要较长（至少需要2～3个月以上）。

锯木屑作为无土栽培的基质，在使用过程中的分解较慢，结构性较好，一般可连续使用2～6茬，每茬使用后应加以消毒。作为基质的锯木屑不应太细，小于3毫米的锯木屑所占的比例不应超过10%，一般应有80%的颗粒在3.0～7.0毫米之间。

（二）树皮

树皮是木材加工过程的副产品。在盛产木材的地方常用来代替泥炭作为无土栽培的基质。树皮的化学组成随树种的不同差异很大。一种松树皮的化学组成为：有机质含量为98%，其中，蜡树脂为3.9%、单宁木质素为3.3%、淀粉果胶4.4%、纤维素2.3%、半纤维素19.1%、木质素46.3%、灰分2%。这种松树皮的碳氮比为135、pH值为4.2～4.5。

有些树皮含有有毒物质，不能直接使用。大多数树皮中含有较多的酚类物质，这对于植物生长是有害的，而且树皮的碳氮比都较高，直接使用会引起微生物对速效氮的竞争作用。为了克服这些问题，必须将新鲜的树皮进行堆沤处理，堆沤处理的时间至少应在1个月以上，最好有2～3个月时间的堆沤处理。因为有毒的酚类物质的分解至少需30天以上才行。

经过堆沤处理的树皮，不仅可使有毒的酚类物质分解，本身的碳氮比降低，而且可以增加树皮的阳离子代换量，CEC可以从堆沤前的8毫摩尔/100克提高到堆沤之后的60毫摩尔/100克。经过堆沤后的树皮，其原先含有的病原菌、线虫和杂草种子等大多会被杀死，在使用时不需进行额外的消毒。

树皮的容重为0.4～0.5克/米^3。树皮作为基质使用时，在使用过程中会因有机物质的分解而使其容重增加，体积变小，结构受到破坏，造成通气不良，易积水于基质中。这时，应更换基质。但基质结构变差往往需要1年或1年以上的时间。利用树皮作为无土栽培的基质时，如果树皮中氯化物含量超过2.5%、锰含量超过20毫克/千克，则不宜使用，否则可能对植物生长产生不良的影响。

（三）砻糠灰（炭化稻壳、炭化砻糠）

砻糠灰是将稻壳进行炭化之后形成的，也称为炭化稻壳或炭化砻糠。

炭化稻壳容重为0.15克/米^3，总孔隙度为82.5%，其中大孔隙容积为57.5%、小孔隙容积为25%、含氮0.54%、速效磷66毫克/千克，速效钾0.66%、pH值为6.5。如果炭化稻壳使用前没有经过水洗，炭化形成的碳酸钾（K_2CO_3）会使其pH值升至9.0以上，因此，使用前宜用水冲洗。

炭化稻壳因经过高温炭化，如不受外来污染，则不带病菌。炭化稻壳的营养含量丰富，价格低廉，通透性良好，但持水孔隙度小，持水能力差，使用时须经常淋水。另外，在砻糠灰制作过程中稻壳的炭化不能过度，否则受压时极易破碎。

（四）泥炭

泥炭是迄今为止被世界各国普遍认为是最好的无土栽培基质之一。特别是工厂化无土育苗中，以泥炭为主体，配合沙、蛭石、珍珠岩等基质，制成含有养分的泥炭钵（小块），或直接放在育苗穴盘中育苗，效果很好。除用于育苗之外，在袋培营养液滴灌中或在槽培滴灌中，泥炭也常作为基质，植物生长良好。

泥炭在世界上几乎各个国家都有分布，但分布得很不均匀，主要以北方的分布为多，南方只是在一些山谷的低洼地表土层下有零星分布。据国际草炭学会的估计（1980），现在世界上的泥炭总量超过420万平方千米，几乎占陆地面积的3%，也有些人估计得低一些，约10亿立方米。

我国北方出产的泥炭质量较好，这与北方的地理和气候条件有关。因为北方雨水较少，气温较低，植物残体分解速度较慢；相反，南方高温多雨，植物残体分解较快，只在低洼地有少量形成，很少有大面积的泥炭蕴藏。

根据泥炭形成的地理条件、植物种类和分解程度的不同，可将泥炭分为低位泥炭、高位泥炭和中位泥炭三大类。

1. 低位泥炭　分布于低洼积水的沼泽地带，以苔藓、芦苇等植物为主。其分解程度高，氮和灰分元素含量较少，酸性不强，养分有效性较高，风干粉碎后可直接作肥料使用。容重较大，吸水、通气性较差，有时还含有较多的土壤成分。这类泥炭宜直接作为肥料来施用，而不宜作为无土栽培的基质。

2. 高位泥炭　分布于低位泥炭形成的地形的高处，以水藓植物为主。其分解程度低，氮和灰分元素含量较少，酸性较强（pH值在4～5之间）。容重较小，吸水、通气性较好，一般可吸持相当于其自身重量10倍以上的水分。此类泥炭不宜做肥料直接使用，宜作肥料的吸持物，如作为畜舍垫栏材料。在无土栽培中可作为混合基质的原料。

3. 中位泥炭　介于高位泥炭与低位泥炭之间的过渡性类型的泥炭。其性状介于两者之间，也可以用于无土栽培中。

（五）菇渣

菇渣是种植草菇、香菇、蘑菇等食用菌后废弃的培养基质。刚种植过食用菌的菇渣一般不能够直接使用，要将菇渣加水至其最大持水量的70%～80%左右，再堆成一堆，盖上塑料薄膜，堆沤3～4个月，摊开风干，然后打碎，过5毫米筛，筛去菇渣中的粗大的植物残体、石块和棉花等即可使用了。

菇渣容重约为0.41克/米^3，持水量为60.8%，菇渣含氮1.83%、含磷0.84%、含钾1.77%。菇渣中含有较多石灰，pH值为6.9（未堆沤的更高）。

菇渣的氮、磷含量较高，不宜直接作为基质使用，应与泥炭、蔗渣、沙等基质按一定的比例混合制成复合基质后来使用。混合时菇渣的比例不应超过40%～60%（以体积计算），当然，如果菇渣的养分含量较低，可适当提高其比例。

二、无机基质

（一）炉渣

炉渣为烧煤之后的残渣。工矿企业的锅炉、食堂以及北方地区居民的取暖等，都有大量的炉渣，其来源丰富。

炉渣容重约为0.70克/米^3，总孔隙度为55.0%，其中通气孔隙容积占基质总体积的22%、持水孔隙容积占基质总体积的33.0%。含氮0.18%、速效磷23毫克/千克、速效钾204毫克/千克，pH值为6.8。

炉渣如未受污染，不带病菌，不易产生病害，含有较多的微量元素，如与其他基质混合使用，种植时可以不加微量元素。炉渣容重适中，种植作物时不易倒伏，但使用时必须经过适当的粉碎，并过5

毫米筛。适宜的炉渣基质应有80%的颗粒在1～5毫米之间。

（二）珍珠岩

珍珠岩是由一种灰色火山岩（铝硅酸盐）加热至1000℃左右时，岩石颗粒膨胀而形成的。它是一种封闭的轻质团聚体，容重小（0.03～0.16克/米^3），孔隙度约为93%，其中空气容积约为53%、持水容积约为40%。

珍珠岩没有吸收性能，阳离子代换量<1.5mmol/100克，pH值为7.0～7.5。珍珠岩的成分为：二氧化硅（SiO_2）74%、三氧化铝（Al_2O_3）11.3%、三氧化二铁（Fe_2O_3）2%、氧化钙（CaO）3%、氧化锰（MnO）2%、氧化钠（Na_2O）5%、氧化钾（K_2O）2.3%。珍珠岩中的养分多为植物不能吸收利用的形态。

珍珠岩是一种较易破碎的基质，在使用时主要有2个问题值得注意：一是珍珠岩粉尘污染较大，使用前最好先用水喷湿，以免粉尘纷飞；二是珍珠岩在种植槽或与其他基质组成混合基质时，在淋水较多时会浮在水面上，这个问题没有办法解决。

（三）蛭石

蛭石为云母类硅质矿物，它的颗粒由许多平行的片状物组成，片层之间含有少量的水分，当蛭石在1000℃的炉中加热时，片层中的水分变成水蒸气，把片层爆裂开来，形成小的、多孔的海绵状的核。经高温膨胀后的蛭石其体积为原矿物的16倍左右，容重很小（0.09～0.16克/米^3），孔隙度大（达95%）。无土栽培用的蛭石都应是经过上述高温膨胀处理过的，否则它的吸水能力将大大降低。

蛭石的pH值因产地不同、组成成分不同而稍有差异。一般均为中性至微碱性，也有些是碱性的（pH值在9.0以上）。当其与酸性基质如泥炭等混合使用时不会出现问题。如单独使用，因pH值太高，需加入少量酸进行中和后才可使用。

蛭石的阳离子代换量（CEC）很高，达100毫摩尔/100克，并且含有较多的钾、钙、镁等营养元素，这些养分是作物可以吸收利用的，属于速效养分。

蛭石的吸收能力很强，每立方米的蛭石可以吸收 100～650 千克的水。无土栽培用的蛭石的粒径应在 3 毫米以上，用作育苗的蛭石可稍细些（0.75～1.0 毫米）。但蛭石较容易破碎，而使其结构受到破坏，孔隙度减少，因此，在运输、种植过程中不能受到重压。蛭石一般使用 1～2 次之后，其结构就变差了，需重新更换。

（四）沙

沙的来源广泛，在河流、大海、湖泊的岸边以及沙漠等地均有大量的分布。价格便宜。

不同地方、不同来源的沙，其组成成分差异很大。一般含二氧化硅在 50%以上。沙没有阳离子代换量，容重为 1.5～1.8 克/米^3。使用时以选用粒径为 0.5～3 毫米的沙为宜。沙的粒径大小应相互配合适当，如太粗易产生基质中通气过盛、保水能力较低，植株易缺水，营养液的管理麻烦；而如果沙太细，则易在沙中潴水，造成植株根际的涝害。较为理想的沙粒粒径大小的组成应为：>4.7 毫米的占 1%，2.4～4.7 毫米的占 10%，1.2～2.4 毫米的占 20%，0.3～0.6 毫米的占 25%，0.1～0.3 毫米的占 15%，0.07～0.12 毫米的占 2%，<0.01 毫米的占 1%。

用做无土栽培的沙应确保不含有有毒物质。例如，海滨的沙子通常含有较多的氯化钠，在种植前应用大量清水冲洗干净后才可使用。在石灰性地区的沙子往往含有较多的石灰质，使用时应特别注意。一般地，碳酸钙的含量不应超过 20%，但如果碳酸钙含量高达 50%以上，而又没有其他基质可供选择时，可采用较高浓度的磷酸钙溶液进行处理。具体的处理方法为：将含有45%～50%五氧化二磷的重过磷酸钙 2 千克溶解于 1000 升水中，然后用此溶液来浸泡所要处理的沙子，如果溶液中的磷酸含量降低很快，可再加入重过磷酸钙，一直加至溶液中的磷含量稳定在不低于 10 毫克/升时为止。此时将浸泡沙子的重过磷酸钙溶液排掉并用清水冲洗干净即可使用了。如果没有重过磷酸钙，也可以用 4

千克的过磷酸钙溶解在1000升水中，将沉淀部分去除，取上清液来浸泡处理。也可以用0.1%～0.2%的磷酸二氢钾（其他的磷酸盐也可用）水溶液来处理，但成本较高。用磷酸盐处理石灰质沙子主要是利用磷酸盐中的磷酸根与石灰质沙子表面形成一层溶解度很低的磷酸钙包膜而封闭沙子表面，以防止沙子在作物生长过程中释放出较大量的石灰质物质而使作物生长环境的pH值过高。在经过一段时间的使用之后，包在沙子表面的磷酸钙膜可能会受到破坏而使石灰质物质溶解出来，这时应重新用磷酸盐溶液再次处理。

（五）岩棉

岩棉用于工业的保温、隔热和消音材料来使用，已有很长的历史了。用于无土栽培则是始于1969年的丹麦的（Hornum Research Station）。从此应用岩棉种植植物的技术就先后传入瑞典、荷兰。现在荷兰的3500多公顷蔬菜无土栽培中有80%是利用岩棉作为基质的。当今世界上许多国家已广泛应用岩棉栽培技术，不仅在蔬菜、苗木、花卉的育苗和栽培上使用，而且在组织培养试管苗的繁殖上也有使用。使用育苗基质对于出口盆景、花卉尤其有好处，因为许多国家海关不允许带有土壤的植物进口，用岩棉就可以保证不带或少带土传病虫害。我国生产的岩棉主要是工业用的，现在南京、沈阳等地已试生产农用岩棉。

岩棉是一种由60%的辉绿石、20%的石灰石和20%的焦炭混合，然后在1500℃～2000℃的高温炉中熔化，将熔融物喷成直径为0.005毫米的细丝，再将其压成容重为80～100千克/米^{3}的片，然后在冷却至200℃左右时，加入一种酚醛树脂以减少岩棉丝状体的表面张力，使生产出的岩棉能够较好地吸持水分。因岩棉制造过程是在高温条件下进行的，因此，它是进行过完全消毒的，不含病菌和其他有机物。经压制成形的岩棉块在种植作物的整个生长过程中不会产生形态上的变化。

岩棉的外观是白色或浅绿色的丝状体，孔隙度大，可达

96%，吸水力很强。在不同水吸力下岩棉的持水容重不同。岩棉吸水后，岩棉会依厚度的不同，含水量从下至上而递减；相反，空气含量则自上而下递增。

未使用过的新岩棉的 pH 值较高，一般在 7.0 以上，但在灌水时加入少量的酸，1～2 天之后 pH 值就会很快降低下来。在使用前也可用较多的清水灌入岩棉中，把碱性物质冲洗掉之后使 pH 值降低。pH 值较高的原因是岩棉中含有少量碱金属和碱土金属氧化物（Na_2O、K_2O、MgO 等）。岩棉在中性或弱酸弱碱条件下是稳定的，但在强酸强碱下岩棉的纤维会逐渐溶解，而且岩棉同天然石棉是不同的，它不像石棉那样会对人体健康产生危害。据欧洲隔热材料制造协会（ETMA）报道，石棉对人体有害是由于石棉纤维由非单纤维组成，可以纵向分裂成许多更为细长的纤维，被人体吸入后不易分解排除而累积；而岩棉纤维为单纤维，较为粗短，只能横向断裂，不会纵向分裂为更细的纤维，即使人体吸入也易排出。至今还未发现岩棉有害健康的报道。

岩棉在无土栽培中主要是有三方面的用途：一是用岩棉进行育苗；二是用在循环营养液栽培中，如营养液膜技术（NFT）中植株的固定；三是用在岩棉基质的袋培滴灌技术中。

三、化学合成基质

化学合成基质又称人工土，是近 10 年研制出的一种新产品，它是以有机化学物质（如脲醛、聚氨酯、酚醛等）作原材料，人工合成的新型固体基质。其主体组分可以是多孔塑料中的脲醛泡沫塑料、聚氨酯泡沫塑料、聚有机硅氧烷泡沫塑料、酚醛泡沫塑料、聚乙烯醇缩甲醛泡沫塑料、聚酰亚胺泡沫塑料之任一种或数种混合物，也可以是淀粉聚丙烯树脂一类强力吸水剂，使用时允许适量渗入非气孔塑料甚至珍珠岩。

目前在生产上得到较多应用的人工土是脲醛泡沫塑料，它是将工业脲醛泡沫经特殊化改性处理后得到的一种新型无土栽培基质，它是一种具多孔结构，直径≤2 厘米，表面粗糙的泡沫小块，具有与土壤相近的理化性质，pH 值为 6～7，并容易调整。容重为 0.01～0.02 克/米^3，总孔隙度为 827.8%，大孔隙为 101.8%，小孔隙为 726.0%，气水比 1∶7.13，饱和吸水量可达自身重量的 10～60 倍或更多，有 20%～30%的闭孔结构，故即使吸饱水时仍有大量空气孔隙，适合植物根系生长，解决了营养液水培中的缺氧问题。基质颜色洁白，容易按需要染成各种颜色，观赏效果好，可 100%地单独替代土壤用于长期栽种植物，也可与其他泡沫塑料或珍珠岩、蛭石、颗粒状岩棉等混合使用。生产过程中，经酸、碱和高温处理已杀灭病菌、害虫和草子，不存在土传病害，适应出口及内销的不同场合不同层次的消费需要，其产品的质量检验容易通过。

但由于人工土相对来说是一种高成本产品，所以，在十分讲究经济效益的今天，在饲料生产、切花生产、大众化蔬菜生产方面，目前不及泥炭、蛭石、木屑、煤渣、珍珠岩等实用，但在城市绿化、家庭绿化、作物育苗、水稻无土育秧、培育草坪草、组织培养和配合课堂教学方面，则人工土具有独到的长处。

人工土又完全不同于无土栽培界有些人所称的人造土（人工土壤）、人造植料、营养土、复合土等。究其实质，后者不外乎是混合基质，将自然界原本存在的几种固体基质和有机基质按各种比例，甚至再加进田园土混合而成而已，没有人工合成出新的物质。因此，人工土是具有不同于人造土、人造植料的全新概念。

四、复合基质

复合基质是指两种或两种以上的单一基质按一定的比例混合而成的基质。在园艺上最早采用复合基质的是德国的 Frushtofer，他在 1949 年用一半的泥炭和一半的底土黏粒，混合以氮、磷、钾肥，再经加石灰调节 pH 值为 5～6 即成。他将之称为 Eindeitserde，即“标准化土壤”之意。现在欧洲仍有几家公司出售这种基质，它可用在多种植物的育苗和全期生长上。

20 世纪 50 年代美国广泛使用的 UC 系列复合基质，是由

100%的泥炭至100%的细沙的比例范围内配比的5种基质组成，其中用得最多的是一半泥炭与一半沙配成的基质。60年代康奈尔大学研制的复合基质A和B，也得到广泛的使用。其中，复合基质A是由一半泥炭和一半的蛭石混合而成；复合基质B是由珍珠岩代替蛭石混合而成。这两种基质系列，现在仍在美国和欧洲国家广泛使用，并以多种商品的形式出售。

除了一些单位生产供应少量花卉营养土外，我国现在还较少以商品化生产出售的无土栽培复合基质。生产上多数是根据种植作物的要求以及可以利用的不同材料，以经济实用为原则，自己动手配制复合基质。例如，用粒径1～3毫米的炉渣或粒径1～3毫米的沙砾与稻壳各半来进行无土育苗。

配制复合基质时所用的单一基质以2～3种为宜。制成的复合基质应达到容重适宜，增加了孔隙度，提高了水分和空气含量的要求。在配制复合基质中可以预先混入一定量的肥料。肥料用量为：三元复合肥料（15－15－15，$N-P_2O_5-K_2O$）以0.25%的比例对水混入，或用硫酸钾0.5克/升、硝酸铵0.26克/升、过磷酸钙1.5克/升、硫酸镁0.25克/升加入。也可以按其他营养配方加入。

配制好的复合基质，在使用时必须测定其盐分含量，以确定该基质是否会产生肥害。基质盐分含量可通过用电导率仪测定基质中溶液的电导率来测得。具体方法为：取风干的复合基质10克，加入饱和磷酸钙溶液25毫升，振荡浸提10分钟，过滤，取其滤液来测电导率。将测定的电导率值与下列的安全临界值比较，以判断所配制的复合基质的安全性如何。

如果需要进一步证明配制的复合基质的安全性，可用该基质种植作物，从作物生长的外观上来判断基质是否对作物产生危害。如在种植过程中发现在正常供水情况下作物叶片出现凋萎现象，则说明该基质中的盐分可能太高，不能使用。

第三节　基质消毒

用作无土栽培生产的基质在经过一段时间的使用之后，由于空气、灌溉水、前作种植过程滋生以及基质本身带有病菌会逐渐增多而使后作作物产生病害，严重时会影响后作作物的生长，甚至造成大面积的传播以至整个种植过程的失败。因此，基质在使用一段时间之后要进行基质的消毒处理或更换。基质消毒可分为物理消毒和化学药品消毒。

一、物理消毒

（一）蒸气消毒

利用高温的蒸气（80℃～95℃）通入基质中以达到杀灭病原菌的方法。在有蒸气加温的温室栽培的条件可利用锅炉产生的蒸气来进行基质消毒。消毒时将基质放在专门的消毒橱中，通过高温的蒸气管道通入蒸气，密闭约 20～40 分钟，即可杀灭大多数病原菌和虫卵。在进行蒸气消毒时要注意每次进行消毒的基质体积不可过多，否则可能造成基质内部有部分基质在消毒过程中温度未能达到杀灭病虫害所要求的高温而降低消毒的效果。另外还要注意的是，进行蒸气消毒时基质不可过于潮湿，也不可太干燥，一般在基质含水量为 35%～45%左右为宜。过湿或过干都可能降低消毒的效果。

蒸气消毒的方法简便，但在大规模生产中的消毒过程较麻烦。当生产面积较大时，基质可以堆成 20 厘米高，长度根据地形而定，全部用防水高温布盖上，通入蒸气后，在 70℃～90℃下，消毒 1 小时就能杀死病菌。采用蒸气消毒效果良好，而且也比较安全。缺点是成本较高。

（二）曝晒

将基质摊在水泥地上，让灼热的阳光直接照射 3～7 天，一般可以杀死真菌孢子和虫卵。

（三）太阳能消毒

夏季高温季节中，把基质堆成 20～30 厘米高的堆（长、宽视具体情况而定），同时喷湿基质，使其含水量超过 80%，然后用塑料薄膜覆盖基质堆，密闭温室或大棚，曝晒 10～15 天，消毒效果良好。

（四）烧炒消毒法

用火直接加热锅或铁板上的土壤、基质，进行消毒。

（五）冷冻

此法适用于少量的育苗基质。在低温冰箱中，用 −20℃ 冰冻 24～48 小时，一般可杀死杂草种子、真菌孢子和虫卵。

二、化学药剂消毒

利用一些对病原菌和虫卵有杀灭作用的化学药剂来进行基质消毒的方法。一般而言，化学药剂消毒的效果不及蒸气消毒的效果好，而且对操作人员有一定的副作用，但由于化学药剂消毒方法较为简便，特别是大规模生产上使用较方便，因此被广泛使用。现介绍几种常用的化学药剂消毒方法：

（一）甲醛消毒

甲醛俗称福尔马林。进行基质消毒时将浓度为 40%左右的甲醛溶液稀释 500 倍，把待消毒的基质在干净的、垫有一层塑料薄膜的地面上平铺一层约 10 厘米厚，然后用花洒或喷雾器将已稀释的甲醛溶液将这层基质喷湿，接着再铺上第二层，再用甲醛溶液喷湿，直至所有要消毒的基质均喷湿甲醛溶液为止。最后用塑料薄膜覆盖封闭 1～2 昼夜后，将消毒的基质摊开，曝晒至少 2 天以上，直至基质中没有甲醛气味方可使用。利用甲醛消毒时由于甲醛有挥发性强烈的刺鼻性气味，因此，在操作时工作人员必须戴上口罩，做好防护性工作。

（二）高锰酸钾消毒

高锰酸钾是一种强氧化剂，只能用在石砾、粗沙等没有吸附能力且较容易用清水清洗干净的惰性基质的消毒上，而不能用于泥炭、木屑、岩棉、蔗渣和陶粒等有较大吸附能力的活性基质或者难以用清水冲洗干净的基质上。因为这些有较大的吸附能力或难以用清水冲洗的基质在用高锰酸钾溶液消毒后，由基质吸附的高锰酸钾不易被清水冲洗出来而积累在基质中，这样有可能造成植物的锰中毒，或高锰酸钾对植物的直接伤害。用高锰酸钾进行惰性或易冲洗基质的消毒时，先配制好浓度约为1/5000的溶液，将要消毒的基质浸泡在此溶液10～30分钟后，将高锰酸钾溶液排掉，用大量清水反复冲洗干净即可。高锰酸钾溶液也可用于其他易清洗的无土栽培设施、设备的消毒中，如种植槽、管道、定植板和定植杯等。消毒时也是先浸泡，然后用清水冲洗干净即可。用高锰酸钾浸泡消毒时要注意其浓度不可过高或过低，否则其消毒效果均不好，而且浸泡的时间不要过久，否则会在消毒的物品上留下黑褐色的锰的沉淀物，这些沉淀物再经营养液浸泡之后会逐渐溶解出来而影响植物生长。一般控制在浸泡的时间不超过40分钟至1小时。

（三）氯化苦消毒

氯化苦是一种对病虫有较好杀灭效果的药物。外观为液体。消毒时可将基质逐层堆放，然后加入氯化苦溶液。具体做法是：将基质先堆成大约30厘米厚，堆体的长和宽可随意，然后在基质上每隔30～40厘米的距离打一个深为10～15厘米的小孔，每孔注入5～10毫升的氯化苦，然后用一些基质塞住这些放药的孔，等第1层放完药之后，再在其上堆放第2层基质，然后再打孔放药，如此堆放3～4层之后用塑料薄膜将基质盖好，经过1～2周的熏蒸之后，揭去塑料薄膜，把基质摊开晾晒4～5天后即可使用。

（四）次氯酸钠或次氯酸钙消毒

这两种消毒剂是利用它们溶解在水中时产生的氯气来杀灭病菌的。次氯酸钙是一种白色固体，俗称漂白粉。次氯酸钙在使用时用含有有效氯0.07%的溶液浸泡需消毒的物品（无吸附能力或易用清水冲洗的基质或其他水培设施和设备）4～5小时，浸泡消毒后要用清水冲洗干净。次氯酸钙也可用于种子消毒，消毒浸泡时间不要超过20分钟。但不可用于具有较强吸附能力或难以用清水冲洗干净的基质上。

次氯酸钠的消毒效果与次氯酸钙相似，但它的性质不稳定，没有固体的商品出售，一般可利用大电流电解饱和氯化钠（食盐）的次氯酸钠发生器来制得次氯酸钠溶液，每次使用前现制现用。使用方法与次氯酸钙溶液消毒相似。

三、基质的更换

当固体基质使用了一段时间之后，由于各种来源的病菌大量累积、长期种植作物之后根系分泌物和烂根等的积累以及基质使用了一段时间以后基质的物理性状变差，特别是有机残体为主体材料的基质，由于微生物的分解作用使得这些有机残体的纤维断裂，从而造成基质的通气性下降、保水性过高等不利因素的产生而影响到作物生长时，要进行基质的更换。

在不能进行连作的作物种植中，如果后作仍种植与前作同一种或同一类作物时，应采取上述的一些消毒措施来进行基质消毒，但这些消毒方法大多数不能彻底杀灭病菌和虫卵，要防止后作病虫害的大量发生，可进行轮作或更换基质。例如前作作物为番茄，后作如要继续种植番茄或其他茄科作物如辣椒、茄子等，可能会产生大量的病害，这时可进行基质消毒或更换，或者后作种植其他作物，如黄瓜、甜瓜等，但较为保险的做法是把原有的基质更换掉。

更换掉的旧基质要妥善处理以防对环境产生二次污染。难以分解的基质如岩棉、陶粒等可进行填埋处理，而较易分解的基质如泥炭、蔗渣、木屑等，可经消毒处理后，配以一定量的新材料后反复使用，也可施到农田中作为改良土壤之用。

究竟何时需要更换基质，很难有一个统一的标准。一般在使用1～2年的基质多数需要更换。

第四章　有机生态型无土栽培

第一节　有机生态型无土栽培

一、有机生态型无土栽培的特点

有机生态型无土栽培技术是指用基质代替天然土壤、使用有机固态肥并直接用清水灌溉作物代替传统营养液灌溉植物根系的一种无土栽培技术。有机生态型无土栽培技术仍具有一般无土栽培的特点，如改善作物品质、减少农药用量、产品洁净卫生、节水节肥省工等。另外，它还具有以下特点：

（1）固态肥取代了传统的营养液；

（2）操作管理简便，节省生产费用；

（3）大幅度降低无土栽培设施系统的一次性投资；

（4）对环境污染减小。

二、有机生态型无土栽培的重要性

（1）有机生态型无土栽培是生产合格的绿色食品蔬菜极有效的途径。当前，我国农产品和农业生态环境正面临着有史以来最为严重的污染问题，极大地影响着人类的身体健康和农业的可持续发展。由于我国人口众多，长期以来农业生产只重视产量，忽视了农产品的安全性和农业生产不合理性对环境造成的严重污染问题，在蔬菜生产中表现得更为突出。

（2）连年种植蔬菜造成病虫害发生严重，菜农只有加大农药使用量才能获得较高的产量。加大农药用量的同时增加了病虫害的抗药性，又迫使农药使用量的继续增加，这就形成了恶性循环，造成土壤及蔬菜中农药残留严重。

（3）无节制地施用化肥，加之化肥的不合理施用，造成土壤结构硬化、性质变劣、土壤盐渍化严重、土壤和地下水中残留盐离子积累严重，致使蔬菜重金属离子和亚硝酸盐含量增加，严重危害了人体健康。

（4）传统的无土栽培滴入的营养液仍不失化肥配制，不能解决化肥污染问题。所以说，只有通过有机生态型无土栽培才能真正改变环境条件，才能生产出合格的无公害食品蔬菜。

三、有机生态型无土栽培生产成本与经济效益

（一）生产成本低

大量使用作物秸秆，像玉米秆、向日葵秆、油菜秆、葵花秆，另外还有大量的种植食用菌的下脚料都可以用来代替泥炭、岩棉、蛭石这些比较贵的基质。大大降低了无土栽培的成本。

有机生态型无土栽培比无机无土栽培方式的生产成本要低。无机无土栽培一次性投入较高。整个生产过程需要很多仪器、营养液，可操作性也较差。而有机生态型无土栽培省工省力，相对于营养液栽培可节省人工50%左右。节肥率可以达到30%～60%。而产量却与营养液栽培不相上下。所以有机生态型无土栽培替代营养液栽培不需要太长时间。

（二）经济效益高

以番茄为例，番茄产量为1.3万千克/667米^2·年，按一般市场平均价1.5元/千克，则番茄销售收入为1.95万元，扣除生产成本0.5万元，则纯收入为1.45万元/667米^2·年，其利润相当可观。另外，有机生态型无土栽培生产出的番茄品质好，在市场上非常畅销。

有机生态型无土栽培是一种高产高效的种植方式。它能保证作物养分供给，作物根部透气性好，有利于增产潜力的发挥，投入与产出比高达1∶3～1∶5。有机生态型无土栽培病虫害少，能避免土壤传播的病虫危害，有利于减少农药用量，减少污染，而且生产的产品优质，可以达到绿色食品标准，对瓜果蔬菜品质有

显著的改善。

四、有机生态型无土栽培的发展前景

有机生态型无土栽培的发展前景广阔。有机生态型的无土栽培方式取材容易，节省耕地，它对发展无公害、绿色瓜菜生产，提高农产品竞争力，进一步改善生态环境都有积极的作用。在世界上，像荷兰、比利时等农业强国发展有机生态型无土栽培方式占了整个温室栽培面积的60%～70%。而在我国只占了0.1%，所以在温室大棚的基础上发展有机生态型无土栽培有着广阔的前景。

有机生态型无土栽培技术为我国首创，目前在山东、广东、北京等省市已有较大面积的应用，并取得很好的经济效益和社会效益，为我国无土栽培的发展开辟了一条新的路子。目前只有用有机生态型无土栽培，才能保证不使用化肥和化学农药，才能生产出“有机食品”。有机生态型无土栽培其内涵要比营养液无土栽培深刻得多，因为有机物质的生物转化及其养分供应远较无机物质复杂得多。在广大发展中国家和地区，因资产、器材、技术等条件限制，推广有机生态型无土栽培，则是由传统农业向现代农业转变的途径。因此，有机生态型无土栽培是适应当前生态农业及绿色食品发展的需要，有着广阔的发展前景。

有机生态型无土栽培因采用有机、无机相结合的营养类型，不仅各种营养元素齐全，其中微量元素更是供应有余，且减少无机化肥的施用量，管理上应着重考虑氮、磷、钾三要素的供应量及其平衡。消毒鸡粪作为基肥一次施完，氮、磷、钾无机肥可溶于储液池再施，整个生长过程只需施肥4次，大大简化了操作过程。采用有机、无机相结合的基质栽培方式，如网纹甜瓜产量不低，生产成本较低，所施无机氮化肥采用铵态氮化肥，适合生产A级绿色食品规定的标准。但如网纹甜瓜因其生长期长，易发生病害，故要注意防治病害，及早发现、及早防治，且应实施轮作，防止土传病害的危害。整个生长期内整枝的工作量比较大，从引蔓一直至果实膨大后期，要及时整枝打蔓，以保证营养供应植株的生殖生长，提高果实的品质及整齐度。

第二节　有机生态型无土栽培的实用技术

一、配套设施及栽培系统

（一）配套设施

有机生态型无土栽培系统要充分发挥其作用和效果必须配套以保护设施，即必须在保护地中栽培，而且环境最好有一定的调控能力。另外，必须有充足的水源。如用旧温室改造，则必须彻底清理干净，进行高温闷棚，同时用臭氧或紫外线充分消毒。

（二）栽培系统

1. 栽培槽　可用砖、塑料板或水泥板等建造，也可直接在棚内下挖，然后铺聚乙烯膜与土壤隔离，标准是高 20～25 厘米，宽 45～50 厘米，槽距 70～80 厘米，走向选择南北向。

2. 灌溉系统　每槽内铺设滴灌带 2 条，其他供水管道可用金属或塑料管，滴灌压力可利用水泵或重力差来解决。

3. 栽培基质　泥炭∶无机质（炉渣）∶有机肥＝3∶6∶1。

4. 肥料配比　全有机型，可达到高档有机食品的要求，配比为消毒膨化鸡粪∶豆饼＝2∶1；有机无机结合型，能达到绿色食品 A 级要求，配比为专用肥∶消毒膨化鸡粪＝3∶7。

（三）栽培管理

当有机生态型无土栽培所要求的设施和栽培系统都准备好以后，就可进入栽培管理阶段。

1. 育苗　最好采用工厂化育苗，因为机械化育苗有良好的设施条件，其光、温、水、病虫等因素都能进行有效控制，当幼苗 5～6 叶 1 心、株高 15～20 厘米、苗龄 30～40 天时，即可定植入栽培槽中。

2. 定植前的准备

①配基质　将基质按比例调好，每立方米基质中混入10千克消毒鸡粪和3千克豆饼。

②装槽　在槽中铺上5厘米厚的石子，石子上铺上编织袋，将混匀的基质装入槽中并整平，然后用自来水对每个栽培槽的基质用大水漫灌，以利于基质充分吸水，等水位落下后再盖膜10～15天，以利肥料充分分解。

③安装滴灌　将滴灌带安装在基质槽中间。

3. 定植　将幼苗定植在栽培槽中，株距30～50厘米，每槽两行，最好互相交错，定植后要立即浇定植水。

4. 平常管理　与一般栽培相同，根据不同作物进行温湿度控制。

5. 灌溉与施肥　浇水要视情况定期滴灌，也可采用电脑自动控制；追肥一般在定植后20天左右开始，此后每10天追施1次，要均匀撒在距根5厘米以外的周围，每次每立方米基质加入2.5千克有机肥。

6. 病虫害防治　可采用臭氧防治仪或紫外线杀毒仪进行灭菌，用防虫网封闭放风口以防止害虫进入。

二、有机生态型无土栽培实例——网纹甜瓜

（一）设施布置

1. 栽培槽的设置　有机生态型无土栽培采用基质槽培的形式，在无标准规格的成品槽时，可在棚内挖掘出宽50厘米、深20厘米的栽培槽，或用当地易得的材料建槽，如用木板、木条、竹竿，甚至砖块，实际上只要建没有底的槽边框，所以不需要特别牢固，只要能保持基质不散落到过道上就行。栽培槽中间挖宽10厘米、深20厘米的排水沟。槽长应依保护地棚室建筑状况而定，一般为5～30米。槽框建好后，在槽的底部铺一层0.08毫米厚的聚乙烯塑料薄膜，以防土壤病虫传播。排水沟上铺一层砖，砖上铺一层废旧编织袋，基质铺于其上。这样可使多余的水分从

基质中漏到沟中，保持干燥，同时可蓄水供植株吸收。

2. 基质的选择与配比　栽培基质的选材遵循就地取材的原则，充分利用本地资源丰富、价格低廉的基质材料，如苇末、稻壳、炉渣等。将苇末、稻壳、炉渣按体积比 5∶3∶2 混合，拌匀后加入消毒鸡粪 20 千克/米^3、硫酸钾复合肥 0.75 千克/米^3。

（二）网纹甜瓜的栽培管理

1. 品种选择　网纹甜瓜品种选择新疆农业科学院园艺作物研究所培育的 98-18 或绿宝石。98-18 为脆肉型甜瓜，黄底，果实卵圆形，折光糖含量可达 16%以上。绿宝石为软肉甜瓜，灰绿底、密网纹，果实高圆形，肉厚心实，质地细软可口，似日本网纹甜瓜，但较之果形大，折光糖含量可达 16%以上。

2. 育苗　适时培育壮苗，特别是秋季栽培育苗，过早则病害严重，过迟则影响成熟期。在江苏省常州地区采用穴盘育苗技术。春季于 1 月下旬至 2 月上旬，秋季于 7 月 20～25 日育苗较适宜。生理年龄以三叶一心为准，春季苗期为 40～45 天，秋季苗期为 20 天左右。

3. 定植　定植时期春季应选在 3 月上旬至中旬，晴天定植；秋季较合适的定植时期为 8 月中旬。注意合理密植，单行定植，株距为 35 厘米，每 667 平方米栽 1300 株左右。定植后浇足水。春秋两季均须注意控温缓苗。春季须铺黑色地膜，覆盖小棚，以增温保温为主，夏季以遮阳通风降温为主；有利于缩短缓苗期，促进发根，提高成苗率。

4. 田间管理

①水肥管理　定植 3～5 天即小苗成活后开始灌水，以基质潮湿为准。营养生长期要保证其水分供应。小苗发棵以后，追肥 1 次，以尿素 7.5 千克/667 平方米、硫酸钾复合肥 5 千克/667 平方米配成营养液滴灌，同时灌 1 次水。约开花前 10 天再按同方法施 1 次肥、灌 1 次水。然后停止灌水，控制营养生长，保证进入生殖生长期，并保证不落花、不落果。坐果后即瓜果直径达 3 厘

米后，施一次膨果肥（尿素 7.5 千克/667 平方米，硫酸钾复合肥 5 千克/667 平方米），灌 1 次水。在瓜果网纹形成前期，即纵向网纹出现时，应适当控制水分，防止产生裂果，当横向网纹出现时，浇水量可适当增加，有利于果实的膨大。采收前 25 天左右施硫酸钾 10 千克/667 平方米 1 次，有利于提高果实糖分。采收前 15 天不再浇水，以保证瓜果质量。

②植株管理　整枝引蔓、打顶、授粉及控制坐果节位定植后，在蔓长 50 厘米时应引蔓上架，采用单蔓整枝，及时去除 10 节以下所有侧枝，用尼龙绳或塑料包装绳进行垂直引蔓。10～20 节间预留 5 个侧枝作为坐果节位。雌花开放后可采用人工或放蜂进行授粉，并将授粉侧枝保留两片叶后摘心，并挂牌作标记，牌子上记录授粉日期。瓜坐住后，当膨大至直径 3～5 厘米时，在保证每株留一个果且果形圆整的前提下，清除多余果及全部侧蔓。当植株高度达 1.8 米以上，叶片达 25～28 片时，进行打顶。

③吊瓜　当果实膨大至 0.5～0.8 千克时，应及时用网袋进行吊瓜，防止落瓜，同时保证网纹甜瓜形成均匀网纹，着色均匀。

④病虫害防治　秋季病虫害发生率高于春季，必须每隔 7～10天用速克灵、百菌清、可杀得等农药交替防治。对叶枯病发生后必须连续用可杀得防治 3 次以上，间隔时间以 3～5 天为宜，以及时控制其蔓延。

5. 采收　根据其不同生育期以及果实的形、色、味确定采收时期。品种 98－18 开花后 45～50 天采收，绿宝石开花后 50～55 天采收。

第五章 病虫害防治

第一节 无土栽培中病虫害的发生特点

病原菌和昆虫可以寄生到植株上，部分还存活于育苗基质、空气中。感病或受到虫害的植株本身就成为病原菌和昆虫的寄生场所，又可以通过基质和空气的传播，使之在系统内扩散和循环。

一、种子带菌

种子带菌是指病原菌位于种子内、外或种子间。若种子带菌并自种子转移至植物并建立起对植物的浸染则该病原菌是种子传递的。

种子带菌并传病主要有两种途径：第一，种子可能被污染，即病原体可能黏附在种子的外表。第二，种子可能受浸染，病原已经侵入种子的组织里。

根据传播的病原物的不同，将种传病害分成种传细菌病害、种传真菌病害、种传病毒病害和种传线虫危害等。

（一）种传细菌病害

种子被认为是寄生植物缺乏时，植物病原细菌是最理想的存活场所之一。种子带菌对于植物病原细菌来说是广泛存在的。带菌种子不仅是1年生植物上病害的初接种源之一，也是病害长距离传播的有效介体。种子表面的细菌大多数是污染造成的，这种污染可能发生在种子收获后加工贮藏和运输过程中，通过简单的机械方式污染的。也可以发生在田间种子成熟过程中，通过风、雨和昆虫介体的传播污染。种子内部组织中存在的细菌是细菌浸染种子所致，这些细菌可直接来自于发病的母株，也可以来自于风、雨、昆虫或通过其他方式的传播。

许多细菌可以附着在种子表面，如番茄细菌性溃疡病菌等。某些细菌可存在于胚，如黄瓜细菌性角斑病菌等。也可通过株柄的导管存在于种皮中，如甘蓝黑腐病菌等。

（二）种传真菌病害

大多数由种子传播的病原菌是真菌。种传真菌可分为两类，一类为嗜水真菌，但这类病菌通常由耐干的卵孢子潜存在种子上或种子内，或者菌丝体在种子组织内。另一类为耐干真菌，这类真菌能产生耐干的繁殖体，如厚垣孢子、分生孢子等，当有足够的湿度时立即发芽，进行生长。

种传真菌可由种子表面受污染造成，一些土传病菌黏附于种子表面，如十字花科根肿病、疫霉病。也可由病原系统浸染后引起，如疫霉属引起番茄果腐病，由病原菌潜藏在种皮内而传播。

（三）种传病毒病

虽然大多数病毒不是种传的，但被认为种子传递的病毒正在不断地增加。种子传播病毒的能力对病毒和寄主双方都是专化的。如莴苣花叶病毒则可以通过种传，而莴苣坏死黄花病毒则不能通过种传。

（四）种传线虫病

线虫大多生活于土壤或水中。腐生的土壤习居线虫生活于腐败的物质中，而且通常由于带虫的土壤污染种子。寄生线虫以幼虫潜伏于种子的外皮内或小腔中，或线虫的虫瘿混于种子之间等，如茎线虫。

二、基质传播的病虫害

（一）水源

基质栽培生产中常用自来水、井水或雨水作为水源，特别是雨水含有一定量的杂质，可作为低等真菌性病害和细菌性病害的传播源。

（二）基质

无土栽培生产中所用的有机基质，因其本身有可能就带有病原微生物，并且也适合微生物的生长，因此，基质中含有大量的微生物，包括病原微生物和线虫等。

三、病虫害发生的环境条件

由于工厂化生产中给植物生长创造了有利的环境条件，但也给病虫害的生长繁殖提供了适宜的条件。

（一）温度湿度

对昆虫而言，其生长温度一般在 8℃～36℃之间。在此温度范围内，发育快慢、存活率高低、繁殖量与温度密切相关。由于温度高，使一些害虫冬季可继续繁殖。

对病原菌而言，温室中的温度、湿度和营养条件有利于其生长繁殖。病原菌孢子的形成、传播、发芽、浸染均需 90％以上的相对湿度。如瓜类霜霉病的孢囊孢子在发芽后产生的游动孢子，一般通过水滴游动到叶片上，以气孔侵入。

（二）空气流动

许多病原真菌的传播是通过病原孢子进行的，温室造成了空气流动差，使病原孢子浓度增加，相对地也增加了病原再浸染的几率。对害虫也是如此，在小范围内密度提高，也可增加危害程度。

（三）天敌被隔离

在无土栽培生产中，天敌往往被设施隔离在外，暴雨、大风等自然致死因子的作用被减弱，而温度又有利害虫繁殖，这种条件往往使个体小、繁殖力强、世代重叠的害虫容易暴发成灾，如蚜虫、叶螨、白粉虱、蓟马等。

第二节　无土栽培常见病害及其防治

一、立枯病

立枯病是蔬菜苗期重要病害之一。本病除为害茄科蔬菜外，还能侵害黄瓜、菜豆、莴苣、洋葱、白菜、甘蓝等蔬菜幼苗。发病严重时，常造成幼苗大量枯死。

（一）症状

茄子、番茄、辣椒等蔬菜幼苗出土后就可受害，尤以幼苗的中后期为重。幼茎基部受病菌浸染后产生暗褐色椭圆形病斑，发病初期中午叶片萎蔫，晚上和清晨又恢复，病斑逐渐凹陷，并向两侧扩展，最后绕茎基一周，皮层变色腐烂，病苗一般不倒伏。潮湿时，病斑表面或周围土壤形成蜘蛛网状淡褐色的菌丝体，后期形成菌核。

（二）病原和发病规律

此病由立枯丝核菌浸染引起。菌丝体发达，树枝状分支，菌丝有隔，初无色，后变为淡褐色至暗褐色，往往在靠近分隔处发生分支，菌丝的分支成直角或近直角，分支基部略缢缩，分支附近形成隔膜。老菌丝常呈一连串桶状细胞，由此形成浅褐色质地疏松的菌核。病菌的生长适合温度为 17℃～28℃，12℃以下或30℃以上时，病菌生长受抑制。

病菌主要以菌核或菌丝体在病残体或土壤中越冬，病菌的腐生力很强，在没有寄主的土壤中也能存活 2～3 年。发病的温度范围 13℃～41℃，最适温度为 20℃～24℃，对酸碱度的适应范围广，pH 值为 3.0～9.5，在微酸性的条件下更为适合。在适合的环境条件下，以菌丝或菌核产生的芽管直接侵入为害，病菌主要通过雨水、水流、带菌肥料、农具传播。播种过密、通风不良、湿度大、光照不足、幼苗生长细弱的苗床或地块易发病。茄子、辣椒、黄瓜等，在低温下（低于 15℃）不利于幼苗生长，易发生猝倒病。

（三）防治方法

1. 种子药剂处理　用25%瑞毒霉＋65%代森锌可湿粉（9∶1）1500～2000倍液拌种，以种子表面湿润为宜，风干后播种；或用50%福美双、40%拌种霜等药剂拌种，用量是种子量的0.4%。

2. 栽培管理　防止播种过密，防止受冻，同时又要多通风换气，降低空气和土壤的湿度，及时除去病苗，并对周围进行消毒处理。

3. 苗期药剂防治　幼苗出土后喷药保护，常用药剂及其浓度：75%百菌清700倍液；64%杀毒矾8500倍液；铜铵合剂400倍（配法：硫酸铜1.0千克＋碳酸铵5.5千克拌匀，封闭24小时后，每1千克药剂加水400千克稀释即成）；50%立枯灵600倍；25%瑞毒霉＋代森锌（1∶2）600倍；77%可杀得可湿性粉剂600倍液。一般防治2～3次，间隔6～8天。

二、猝倒病

猝倒病是蔬菜苗期重要病害之一，本病除为害茄科蔬菜外，瓜类、莴苣、芹菜、白菜、甘蓝、萝卜、洋葱等蔬菜幼苗，均能被害。发病严重时，常造成幼苗成片死亡。

（一）症状

幼苗出土前即可受害，造成种子胚茎或子叶腐烂；幼苗出土后受害，则靠近地面幼茎基部出现水渍状暗绿色病斑，绕茎扩展，似水烫状，病部很快变为淡褐色，继而病茎缢缩呈线状，幼苗迅速折倒地面。因病势发展迅速，在短期内子叶往往未萎蔫仍然保持绿色，而幼苗已猝倒。拔出根部，表皮腐烂，根部褐色。在高湿度的苗床中，开始只是个别幼苗表现症状，几天后以此为中心向四周迅速蔓延扩展，造成成片幼苗猝倒。在连绵的阴雨天气，空气潮湿时，在病苗表面及附近苗床土壤上出现白色棉絮状霉层。

（二）病原和发病规律性

主要由瓜果腐霉浸染所致。病菌菌丝体白色棉絮状，无隔膜。孢子囊为菌丝状膨大或不规则分枝的裂片状复合体，萌发产生10～50个肾形游动孢子。卵孢子球形，光滑，直径为16.1～22.3微米。此外，刺腐霉也能引起苗期猝倒病。

病菌主要以卵孢子、菌丝体等在病残体或土壤中存活，腐生性很强，在没有适合的寄主时也能长期在土壤中营腐生活，在有机质丰富的菜园土中具有较高的病菌数量。卵孢子萌发形成芽管直接侵入幼茎，或形成游动孢子后，以静止孢子萌发的芽管在幼嫩部位发生浸染，引起种子腐烂和幼苗猝倒。在适宜条件下，病菌可产生大量的孢子囊和游动孢子进行再浸染。发病的严重度主要取决于土壤的温湿度，发病适温为10℃～12℃，幼苗子叶期或真叶尚未完全展开之前为感病阶段，刚出土的幼苗如遇低温、寒流、阴天多雨，易发此病，特别是在春季的苗床中，温湿度最适合猝倒病的发生。播种过密、光照不足、浇水过多、幼苗生长不良等有利于发病。

（三）防治方法

1. 苗床管理　防止播种过密，苗床要做好保温，防止受冻，同时又要多通风换气，降低空气和土壤的湿度，有时可撒施一些草木灰或干土降低湿度；及时除掉病苗，并进行消毒处理。

2. 苗期药剂防治　幼苗出土后喷药保护，常用药剂及其浓度：25%瑞毒霉可湿性粉剂800倍液；75%百菌清700倍液；64%杀毒矾8500倍液；铜铵合剂400倍（配法：硫酸铜1.0千克＋碳酸铵5.5千克拌匀，封闭24小时后，每1千克药剂加水400千克稀释即成）；50%立枯灵600倍；25%瑞毒霉＋代森锌（1∶2）600倍；77%可杀得可湿性粉剂600倍液。一般防治2～3次，间隔6～8天。

三、十字花科蔬菜黑腐病

十字花科蔬菜黑腐病除为害甘蓝、花椰菜、萝卜外，还能为害白菜、芥菜、芜菁等多种蔬菜。

（一）症状

十字花科蔬菜黑腐病主要为害叶片、叶球或球茎。苗期和成株期均可染病。幼苗受害，子叶初始产生水渍状斑，逐渐变褐枯萎或蔓延至真叶，使叶片的叶脉成长短不等的小条斑。

在甘蓝上，叶片染病，叶缘出现黄色病变，呈“V”字形病斑，发展后叶脉变黑，叶缘出现黑色腐烂，边缘产生黄色晕圈。后向茎部和根部扩展，造成根、茎部维管束中空，变黑干腐，使内叶包心不紧。

在花椰菜上，叶片边缘产生黄色斑点，后向两侧和叶内扩展，形成“V”字形黄褐色病斑，后到达叶柄和茎，维管束变为黑色，小花球灰黑色呈干腐状。

在萝卜上，肉质根受害，表现为内部维管束变黑色，髓部腐烂，最后形成空心，但外部症状不明显，随着病害的发展和软腐菌侵入，加速病情扩展，使肉质根腐烂，并产生恶臭。萝卜叶片受害，先在叶缘出现黄色病斑，扩大后病斑黄褐色，后叶脉变黑色，最后使叶内变褐，全叶枯死。

（二）病原和发病规律

此病由细菌油菜黄单胞杆菌致病变种浸染所致。病原菌以带病种子和随病株残余组织遗留在田间越冬。播种带菌种子，带菌种皮依附在子叶上，从子叶边缘的水孔侵入，传导至维管束，使出苗后病害在苗床中即可造成危害。成株期染病，借昆虫及雨水反溅，从叶片水孔或伤口侵入，并在薄壁细胞内繁殖，随后进入叶维管束组织内扩展，使叶片染病，再由叶维管束传导至茎维管束组织，扩展形成系统浸染。留种株病原菌还通过果柄维管束进入种脐到达种荚，附着在种子上，使种子表皮带菌。这是病原菌向新菜区远距离扩散传播的重要途径。

病原菌适宜温暖潮湿的环境，最适发病环境为温度20℃～30℃、相对湿度90%以上（叶缘有吐水）。

（三）防治方法

1. 留种与种子处理　选无病株留种或对种子进行消毒。从无病留种株上采收种子，选用无病种子。

2. 加强田间栽培管理　促使植株生长健壮，提高植株抗病能力。

3. 化学防治　在发病初期开始喷药，每隔 7～10 天喷 1 次，连续喷 2～3 次；重病田视病情发展，必要时还要增加喷药次数。药剂可选 47%加瑞农可湿性粉剂 600～800 倍液，72.2%普力克水溶性液剂 1000 倍液。30%DT 可湿性粉剂 600 倍液，77%可杀得可湿性粉剂 1000 倍液等。

四、白菜霜霉病

白菜霜霉病是白菜生产中常发生的重要病害。在大多数十字花科作物均有发生，流行年份常可造成严重减产。

（一）症状

白菜霜霉病主要为害叶片，也能为害茎、花梗。白菜的各生育期均可发病。幼苗期受害，叶片、幼茎变黄枯死。叶片染病，发病初始叶片正面出现淡绿色或黄绿色水渍状斑点，后扩大成淡黄或灰褐色，边缘不明显，病斑扩展时常受叶脉限制而呈多角形。在病情盛发期数个病斑会相互连接形成不规则的枯黄叶斑，潮湿时与病斑对应的叶背面长有灰白色霉层，即病菌的孢囊梗和孢子囊。当发病环境条件适宜时，病菌在短期内可进行多次再浸染循环，加速病情发展。

（二）病原和发病规律

此病由鞭毛菌亚门霜霉属菌浸染所致，根据对作物致病性差异，病菌可分为甘蓝、白菜、芥菜 3 个致病型或生理小种。病菌以卵孢子随病株残余组织遗留在田间越冬或越夏，也能以菌丝体在田间病株或留种株种子内越冬。条件适宜时，卵孢子萌发形成芽管浸染春菜或秋菜幼苗，引起初浸染，并形成孢子囊借风雨传播再次浸染。播种带菌种子直接为害幼苗。病菌喜温暖潮湿的环境，适宜发病的温度范围 7℃～28℃；最适发病环境为日平均温度 14℃～20℃，相对湿度 90％以上。

（三）防治措施

1. 加强栽培管理　选用抗病良种，促进植株生长健壮。

2. 化学防治　防治时应注意多种不同类型农药的合理交替使用。

五、黄瓜霜霉病

黄瓜霜霉病是保护地和露地黄瓜的重要病害，因病害发展迅速并常产生紫黑色霉状物，病菌除浸染黄瓜外，还可浸染甜瓜、南瓜、冬瓜、苦瓜、丝瓜等，西瓜受害较轻。

（一）症状

此病主要为害叶片，在幼苗期的子叶上浸染，开始先在子叶正面出现褪绿水渍状黄斑，随后扩大呈不规则的枯黄斑，子叶干枯下垂，幼苗死亡，潮湿时在叶面上长出紫黑色或灰黑色霉层即病菌的孢囊梗和孢子囊。成株期发病，一般由下部叶片向上蔓延，中下部叶片发病较重；发病初期为边缘不明显的水渍状褪色斑，病斑逐渐变为浅黄色至黄色，最后呈淡褐色干枯。病斑的扩展因受叶脉的限制，多呈多角形，病斑边缘明显。

（二）病原和发病规律

由古巴假霜霉侵入所致，是一种专性寄生菌。以无隔菌丝在寄主细胞内吸收养分。无性繁殖发达，孢子囊梗从气孔伸出，单生或 2～4 根成束，先端做 2～4 次锐角树枝状分枝，其顶端尖锐并着生 1 个孢子囊。孢子囊卵圆形或椭圆形，孢子囊萌发时释放出游动孢子，游动孢子在水中游动一段时间后萌发出芽管，侵入寄主。在温度较高和湿度较低时，孢子囊也可直接萌发。产生孢子囊的适温为 15℃～20℃，孢子囊萌发适温 15℃～22℃，孢子囊不耐干燥。有性阶段在组织中产生淡黄色厚壁的卵孢子，呈球形，直径 25～33 微米。

病菌的孢子囊产生与温湿度密切相关，当空气湿度低于 60％

时不产生，超过 83%时才大量产生，且湿度愈高，产孢量愈大。叶面必须有 3 小时以上的水滴或水膜，孢子囊才能萌发并从气孔浸染。病菌侵入的最适温度是 16℃～22℃。在气温 20℃、相对湿度饱和的条件下，经 6～12 小时便可完成浸染过程，3～4 天后发病。当气温为 15℃时田间开始发病，20℃～24℃时有利于病害流行。

(三) 防治方法

1. 选用抗病品种，加强栽培管理　防止叶片结露水，使温度提高到 30℃～32℃，高温不利于病害的发生。

2. 药剂熏烟　利用百菌清雾剂熏烟是一种简便、有效的防治方法，一般在结瓜期发病前进行，6～7 天 1 次，共 3～4 次。每次用药量为每立方米 0.1～0.2 克（以有效成分计算）。熏烟一般在傍晚进行，熏烟时关闭门窗，用暗火分散点烟，第 2 天早晨早开门窗通风。百菌清熏烟不仅对霜霉病有效，还对白粉病、炭疽病、会霉病也有效。

3. 喷药保护　发病初期可用化学药剂防治。

六、黄瓜细菌性角斑病

黄瓜细菌性角斑病是细菌性病害，主要为害黄瓜、丝瓜、苦瓜、甜瓜、西瓜、葫芦等葫芦科作物。此病是黄瓜上的主要病害。

(一) 为害症状

黄瓜角斑病主要为害叶片和果实，也能危害茎蔓、叶柄和卷须。苗期和成株期均可染病。叶片染病，先浸染下部老熟叶片，逐渐向上部叶片发展。发病初始产生水渍状小斑点，扩大后受叶脉限制，病斑呈多角形，淡黄色至褐色，边缘有黄色晕环，空气湿度高时，叶背病部产生乳白色混浊剩液，称菌脓，这是细菌性病害特有的症状。空气干燥时，叶背菌脓脱水形成白痕，病部质脆，破裂造成穿孔（黄瓜霜霉病，叶背病斑在高湿时出现的是灰白色的霉层）。发病严重时，病斑布满叶片，使叶片干枯卷曲脱落。

本病容易与黄瓜霜霉病相混，由于防治用药的选择有所不同，注意正确诊断。

（二）发生规律

此病由细菌丁香假单胞杆菌黄瓜角斑致病变种浸染所致。病原菌以带病种子越冬，或随病株残余组织遗留在田间越冬。病原菌在种子内可存活1年，在病株残余组织内，冬季能存活3～4个月，并成为翌年初浸染源。水反溅是植物病原细菌最主要的传染途径，也可通过昆虫、农事操作等，将田间病株残余组织内的病菌，传播至寄主植物下部叶、茎和果实上，从寄主自然孔口和伤口侵入，引起初次浸染。经7～10天潜育后出现病斑，并在受害的部位产生菌脓，借雨水或保护地棚顶滴水传播，进行多次再浸染。播种带菌种子，种子发芽后直接侵入子叶，产生病斑，引起幼苗发病。

病菌喜温暖潮湿的环境，最适发病环境，温度为24℃～28℃，相对湿度95%以上；发病潜育期3～7天。病斑大小与空气湿度有关，夜间饱和湿度时间6小时以上，叶片上产生典型大病斑；夜间相对湿度低于85%以下，或饱和湿度时间小于3小时，则产生小病斑。

（三）防治方法

1. 选用无病种子，加强田间管理　加强肥水管理，适时通风换气。

2. 化学防治　在发病初期开始喷药，用药间隔期7～10天，连续喷药3～4次；重病田视病情发展，必要时还要增加喷药次数。药剂可选用47%加瑞农可湿性粉剂600～800倍液，50%代森铵水剂1000倍液，722%普力克水溶性液剂1000倍液，丰护胺可湿性粉剂800倍液，30%DT可湿性粉剂600倍液，77%可杀得可湿性粉剂1000倍液等。

七、灰霉病

灰霉病是近10年来随着设施蔬菜栽培面积的扩展而发生的一种重要病害。在设施栽培的条件下，番茄、茄子和辣椒的灰霉病发生都较严重。

（一）症状

在番茄上主要为害果实，也可侵害叶和茎。叶片发病一般从叶尖开始，病斑灰褐色，逐渐扩大，并有深浅相间的轮纹，后叶片枯死；茎从幼苗至成株期均可被害，开始时为水渍状小斑，后扩展成长椭圆形，往往引起病部上端的茎叶枯死。潮湿时，病部长有灰色霉层。

茄子和辣椒上灰霉病的症状与番茄相似，而在苗期发病较多，幼茎被害，病部缢缩变细，病苗常猝倒，可引起严重死苗。

（二）病原和发病规律

此病由灰葡萄孢浸染引起。分生孢子梗褐色，有隔膜，顶端有1～2次分支，梗顶端稍膨大，上密生小梗，并着生大量的分生孢子。分生孢子单胞，近圆形或椭圆形，无色至淡褐色，大小为（6.25～13.75）微米×（6.25～10.0）微米。在不适宜的环境条件下，病菌还可产生小片状的菌核。

病菌以菌核或分生孢子随病残体遗留在土壤中越冬或越夏。在适宜条件下，菌核萌发产生菌丝体，继而形成分生孢子，通过气流、雨水或农事操作传播。病菌发育适宜温度为23℃，最低2℃，最高31℃。对湿度要求很高，湿度大、温度较低时有利灰霉病的发生。植株种植过密，通风换气不良，会加重灰霉病的发生和蔓延。

（三）防治方法

1. 加强通风管理　减少或避免叶面结露。

2. 及时处理病株　防止病菌孢子在棚室内散布开来，应彻底清除病残体。

3. 药剂防治　大棚、温室内的药剂防治，可采用百菌清烟剂熏蒸灭菌。45%百菌清烟剂大棚每667平方米用药250克，第2

天早晨打开门、窗通风散气。隔7天后，再熏蒸1次。

灰霉病对药剂易产生抗性，使用药剂防病时，要注意不同的农药交替使用，勿在蔬菜整个生长期内应用单一的农药。

八、瓜类白粉病

瓜类白粉病主要危害黄瓜、丝瓜、冬瓜、南瓜、西葫芦、西瓜、甜瓜等葫芦科作物。是瓜类作物上的重要病害。

（一）为害症状

瓜类白粉病主要为害叶片，也能为害叶柄和茎。从幼苗期至成株期均可染病。叶片染病，从植株下部叶片起发生，发病初始时在叶面或叶背产生白色粉状小圆斑，后逐渐扩大为不规则形、边缘不明显的白粉状霉斑，白色粉状物即为病菌的分生孢子梗和分生孢子及无色透明的菌丝体。发生严重时，多个粉斑可连接成片，甚至布满整张叶片。发病叶片的细胞和组织被浸染后并不迅速死亡，受害部分叶片抹去粉层一般只表现为褪绿或变黄。发病中后期白色粉状霉层老熟，呈灰色或灰褐色，上有黑色的小粒点，即病菌的闭囊壳，发病末期病叶组织变为黄褐色而枯死。叶柄和茎染病，密生白粉状霉层，霉层连接成片。

（二）发生规律

此病由子囊菌亚门真菌瓜类单丝壳菌浸染所致。在环境条件适宜时，分生孢子通过气流传播或雨水反溅至寄主植物上，从寄主表皮直接侵入，引起初次浸染。经5天左右潜育出现病斑，后经7天左右，在受害的部位产生新生代分生孢子，飞散传播，进行多次再浸染，加重为害。

病菌喜温暖潮湿的环境，适宜发病的温度范围为10℃～35℃；最适发病环境为日均温度20℃～25℃，相对湿度45％～95％；最适感病生育期在成株期至采收期。发病潜育期5～8天。病菌对湿度的适应范围极广，相对湿度25％以上即可萌发。

（三）防治方法

1. 选用抗、耐病品种，加强栽培管理　合理密植，有利于通风透光，增强植株生长势，提高抗病力。

2. 化学防治　在发病初期开始喷药，每隔 7～10 天喷 1 次，连续喷 2～3 次，重病田视病情发展，必要时可增加喷药次数。40％福星乳油 4000～6000 倍液，62.25％仙生可湿性粉剂 600 倍液，15％粉锈宁可湿性粉剂 1000 倍液，40％达宁悬浮剂 600～700 倍液，47％加瑞农可湿性粉剂 800 倍液，50％托市津可湿性粉剂 1000 倍液，75％百菌清 600 倍液等。

第三节　常见虫害及其防治

一、菜粉蝶

菜粉蝶俗称白粉蝶、菜白蝶，幼虫称青虫或菜青虫。菜粉蝶最喜食十字花科植物，尤其偏食甘蓝、花椰菜、白菜、青菜、萝卜等，是菜区的主要害虫。

（一）形态特征

1. 成虫　体长 12～20 毫米，翅展 45～50 毫米。雄成蝶乳白色，雌成蝶淡黄白色，雌蝶前翅正面基部灰黑色，约占翅面的 1/2，前翅顶角有一个三角形黑斑，沿此黑斑下方有两个圆形黑斑。雄虫前翅正面基部灰黑色部分较小，仅限于翅基及近翅基的前缘部分，前翅顶角三角形黑斑下方的 2 个圆形黑斑颜色深浅不一致。

2. 卵　枪弹形，表面有规则的纵横隆起线。初产时淡黄色，孵化前为橘黄色，单粒产于叶面或叶背上。

3. 幼虫　体长 25～35 毫米，青绿色，体背密布细小毛瘤，背中线黄色，两侧气门黄色。

4. 蛹　体长 15～20 毫米，纺锤形，体背有 3 条纵脊，常有一丝吊连在化蛹场所的物体上。化蛹初期为青绿色，逐渐转变灰褐色。

（二）发生和为害

菜粉蝶属鳞翅目粉蝶科，以幼虫为害作物，初孵幼虫到2龄前幼虫只啃食叶肉，留下一层表皮；3龄后幼虫食量显著增大，将菜叶咬成孔洞或吃成缺刻；虫口密度高时，可将叶片吃光，只剩粗叶脉和叶柄；秧苗被害，常造成无心秧苗，影响包心；幼虫除食叶为害外，排出粪便污染菜心，取食的伤口容易引发软腐病菌侵入，引起整株发病腐烂。

（三）防治方法

1. 生物防治　菜青虫对苏云金杆菌制品非常敏感，推广应用以苏云金杆菌，简称BT为主的系列生物农药防治，高含量菌粉每667平方米用药量100～200克或500～1000倍液；BT乳剂每667平方米用药量250～400毫升或300～500倍液，防效好，成本低。

2. 化学防治　在幼虫2龄发生盛期防治，用药间隔期7～10天，连续防治两次左右。由于菜青虫抗药性较差，可兼治菜青虫的农药较多，常用的氨基甲酸酯类、除虫菊酯类杀虫剂等均可使用，效果也较好。

二、红蜘蛛

在蔬菜作物上为害茄科、葫芦科、豆科，以及百合科中的葱、蒜等18种蔬菜，也是设施栽培蔬菜上的重要害螨。

（一）形态特征

1. 成螨　体色变异很大，一般为红色或锈红色。雌成螨有足4对，体长0.42～0.51毫米、宽0.28～0.32毫米，梨圆形。雄成螨体长0.26～0.36毫米、宽0.19毫米，体宽较雌成螨明显窄小30％。

2. 卵　圆球形，直径0.13毫米，初产时无色透明，以后逐渐变为淡黄至深黄色，孵化前呈微红色。

3. 幼螨　卵圆形，长约0.15毫米，有3对足。

4. 若螨　梨圆形，有足4对。

（二）发生和为害

红蜘蛛属蛛形纲前气门目叶螨科，羽化为成虫后，即可交配，在适宜的条件下，交配后1天开始产卵，每头雌虫平均产卵量在50～100头，卵多数产在叶片背面。最初多数喜欢在植株下部的老叶寄生，卵孵化后幼虫通常只在附近寄生，中后期开始向上蔓延转移。繁殖数量过多，且虫口密度高时，再行扩散为害，可以爬行扩散，也可以在叶端群集成团，吐丝结成虫球，垂丝下坠，借风力吹至其他植株或地面，再行扩散，所在田间先是点片发生。适宜红蜘蛛生长发育的最适环境温度为24℃～30℃，相对湿度为35％～55％。高温低湿才有利于种群繁殖，虫口密度直线上升。

红蜘蛛以成、幼螨在叶背的叶脉附近吸取汁液。茄子、辣椒的叶片受害后，初期叶面上出现灰白色小点，逐渐地叶面变为灰白色，使叶片发黄、变枯、脱落，可引起作物早衰落叶，光杆枯死，产量损失大。豆类、瓜类叶片受害后，形成枯黄色的细斑，严重时全叶干枯脱落，影响植株的光合作用。红蜘蛛为害虽不引起破叶等症状，但为害性远比一般害虫大，稍有疏忽，常成为小虫闹大灾的悲剧。

（三）防治方法

1. 田间管理　加强栽培管理，促进植株健壮，增强抗虫害能力。

2. 化学防治　在虫害始发至盛发期内根据虫情发生情况，需连续用药防治数次，防治间隔期5～7天。重点喷植株中下部叶背面，喷药要均匀周到。

三、温室白粉虱

温室白粉虱的寄主植物已有65科265种（或变种），其中包括蔬菜作物8科34种，如黄瓜、番茄、菜豆、茄子、辣椒、冬瓜、苦瓜、莴苣、白菜、萝卜、芹菜、大葱、大蒜等；观赏植物37科73种。

（一）形态特征

1. 成虫　体小，淡黄色。雌虫体长1～1.2毫米；雄虫较小，体长0.8～1毫米，翅膜质，覆盖白色蜡粉，前翅具2脉，1长1短，后翅只有1根脉。

2. 卵　长0.22～0.26毫米，卵有柄，柄长0.03毫米。初产时淡黄白色，后渐变紫黑色，孵化前透过卵壳能见若虫2只红色复眼。

3. 幼虫　椭圆形，扁平，长0.52毫米。体缘及体背有数十根长短不一的蜡刺，两根尾须长。腹背末端具浅褐色排泄孔。

4. 蛹　椭圆形，乳白色或淡黄色，不透明。体长0.7～0.8毫米，体厚约0.18毫米，有纵向皱褶的垂直体壁，体背有10对蜡刺。

（二）发生与为害

温室白粉虱属同翅目，粉虱科。冬季在室外不能存活，因此是以各虫态在温室越冬并继续为害，成虫羽化后1～3天可交配产卵，平均每头雌虫产142.5粒。也可进行孤雌生殖，其后代为雄性。成虫有趋嫩性，在寄主植物打顶以前，成虫总是随着植株的生长不断追逐顶部嫩叶产卵，因此在作物上自上而下粉虱的分布为：新产的淡黄白色卵、变黑的卵、初龄若虫、老龄若虫、伪蛹、新羽化的成虫。粉虱发育历期，18℃ 31.5天，24℃ 24.7天，27℃ 22.8天。粉虱繁殖的最适温度为18℃～21℃，在生产温室条件下，约1个月完成1代。

成虫和若虫群集于叶背，刺吸汁液，使叶片生长受阻变黄，影响植物的正常生长发育。由于成虫和若虫还能分泌大量蜜露，堆积于叶面及果实上，往往引起霉污病的发生，严重影响叶片的光合作用和呼吸作用，造成叶片萎蔫，甚至植株枯死。

（三）防治方法

1. 农业防治　温室、大棚附近避免栽植黄瓜、番茄、茄子、菜豆等发生严重的蔬菜，提倡种植白粉虱不喜食的十字花科蔬菜，以减少成虫迁入温室和大棚的机会。

2. 药剂防治　由于粉虱世代重叠，在同一时间同一作物上存在各虫态，而当前药剂没有对所有虫态皆有效，所以化学防治，必须连续几次用药才能控制住。为提高药效，在药液中加入1/500的中性洗衣粉。可选用的药剂和浓度如下：第一，10％灭幼酮乳油（又名扑虱灵）4000倍液，对粉虱特效。第二，25％灭螨猛乳油1000倍液（又名甲基克杀螨）对粉虱成虫、卵和若虫均有效。第三，40％氰戊菊酯乳油6000倍液。第四，2.5％溴氰菊酯3000倍液，连续施用，均有较好效果。这些药剂都只对成虫、若虫有效。因此，使用时应每隔5～7天喷药1次，连续3～4次，也能控制为害。

3. 物理防治　白粉虱对黄色敏感，有强烈趋性，可在温室内设置黄板诱杀成虫。

四、斜纹夜蛾

斜纹夜蛾又称斜纹夜盗蛾。食性杂，寄生范围极广，寄主植物多达99个科，290多种植物。在蔬菜上的主要寄主作物有十字花科蔬菜、绿叶菜类、茄果类、豆类、瓜类、马铃薯、藕、芋等。斜纹夜蛾是我国农业生产上的主要害虫种类之一，是一种间隙性发生的暴食性害虫，多次造成灾害性的危害。

（一）形态特征

1. 成虫　体长14～20毫米，翅展30～40毫米，深褐色。前翅灰褐色，从前缘基部斜向后方臀角有一条白色宽斜纹带，其间有两条纵纹。雄蛾的白色斜纹不及雌蛾明显。

2. 卵　馒头状、块产，表面覆盖有棕黄色的疏松茸毛。

3. 幼虫　共6龄，体长35～47毫米，体色多变，从中胸到第9腹节上有近似三角形的黑斑各1对，其中第1、第7、第8腹节上的黑斑最大。

4. 蛹　体长15～20毫米，腹部背面第四至第七节近前缘处有一小刻点，有一对强大的臀刺。

（二）发生和为害

斜纹夜蛾属鳞翅目夜蛾科，成虫夜间活动，对黑光灯有趋光性，还对糖、醋、酒及发酵的胡萝卜、麦芽、豆饼、牛粪等有趋化性，产卵前需取食蜜源补充营养，白天躲藏在植株茂密的叶丛中，黄昏时飞回开花植物，寿命5～15天，平均每头雌蛾产卵3～5块，共400～700粒。卵多产于植株中下部叶片的反面，多数多层排列，卵块上覆盖棕黄色茸毛。初孵化的幼虫先在卵块附近昼夜取食叶肉，留下叶片的表皮，将叶食害成不规则的透明白斑，但遇惊扰后四处爬散或吐丝下坠或假死落地。2龄、3龄开始逐渐四处爬散或吐丝下坠分散转移为害，取食叶片的危害状成小孔；4龄后食量骤增，有假死性及自相残杀现象，生活习性改变为昼伏夜出。适宜斜纹夜蛾生长发育的最适环境温度为28℃～32℃，相对湿度75%～95%，土壤含水量20%～30%。在28℃～30℃下卵历期3～4天，幼虫期15～20天，蛹历期6～9天。

斜纹夜蛾以幼虫食害叶片，严重时可吃光叶片，4龄以上幼虫还可钻食甘蓝、大白菜等菜球、茄子等多种作物的花和果实，造成烂菜、落花、落果、烂果等。取食叶片造成的伤口和污染，使植株易感染软腐病。

（三）防治措施

1. 农业防治　清除杂草，结合田间作业可摘除卵块及幼虫扩散为害前的被害叶。

2. 诱杀成虫　结合防治其他菜虫，可采用黑光灯或糖醋液诱杀。

3. 化学防治　在防治上实行傍晚喷药，是提高防治效果的关键技术措施，一般选在傍晚6时以后施药，使药剂能直接喷到虫体和食物上，触杀、胃毒并进，增强毒杀效果。

第六章 无土育苗技术

用泥炭、岩棉、沙砾、珍珠岩、蛭石以及其他基质或单纯采用营养液而不用天然土壤来进行育苗的方法称为无土育苗。如果以营养液的形式来供应幼苗生长所需的营养，往往称为营养液育苗。采用无土育苗方法，可以实现育苗过程的机械化、自动化，大大降低了劳动强度，有利于实现育苗过程的规范化管理，使育苗生产工厂化、专业化，而且通过无土育苗还可以避免土传病虫害的浸染。以营养液的形式来提供营养，有利于促进幼苗生长，苗期缩短，幼苗整齐，壮苗率和成活率高，节约种子。无土育苗的幼苗在定植后，具有缓苗期短或不需要缓苗等优点。这些优点是土壤育苗无法比拟的。但无土育苗在技术上和设备上要求比土壤育苗来得高，涉及育苗基质和营养液配方的选择、营养供应方式以及种子丸粒化和机械化精量播种、催芽和生长过程的控制等许多问题。

无土育苗不仅适用于无土栽培生产，而且适用于常规的土壤栽培。在 20 世纪 80 年代以后，我国的许多省份都先后开展了工厂化育苗技术的研究，并在生产上逐步提出和研制了无土育苗相应的配套技术和设备。近几年来，在北京、沈阳、山东等地先后建立了一些较为大型的、商业化的无土育苗工厂，取得了良好的经济效益。

第一节 无土育苗常用设施及方法

一、进行无土育苗的设施和方法

可根据当地的具体情况而定，如育苗容器、育苗基质以及所育的作物种类不同、苗龄不同等可采取的育苗方法也不尽相同。各种无土育苗的方法要用到不同的容器，它可根据幼苗的大小、管理的方便与否以及是否经济等实际情况来选用。常用的育苗容器及相应的育苗方法主要有下列几种：

(一) 育苗穴盘

这是目前我国使用得最普遍的一种育苗容器。它是由塑料片经吸塑加工制成的。在一块塑料育苗穴盘上有许多上大下小的倒梯形的小穴，穴的大小依规格的不同而不同，常用的为 50 穴、72 穴、128 穴、200 穴、288 穴、392 穴、512 穴和 648 穴等几种。不同作物或需要育的苗龄大小不同可以选用不同的规格（表 6—1)，一般地，要育的幼苗株型越大、苗龄越长的，所用的育苗盘穴孔也越大。

表 6—1　几种不同作物穴盘育苗苗龄大小及穴盘规格

作　物	苗　龄	穴盘规格
甜椒、辣椒	7～8 叶	128 穴盘(3 厘米×3 厘米×4.5 厘米/穴)
茄子、番茄	6～7 叶	50 穴盘(5 厘米×5 厘米×5.5 厘米/穴)或 72 穴盘(4 厘米×4 厘米×5.5 厘米/穴)
生菜、甘蓝类蔬菜	2 叶 1 心小苗 5～6 叶 6～7 叶	392 穴盘(1.5 厘米×1.5 厘米×2.5 厘米/穴) 72 穴盘 128 穴盘
芹菜	4～5 叶	200 穴盘(2.3 厘米×2.3 厘米×3.5 厘米/穴)
甜瓜、西瓜、黄瓜等瓜类	3～4 叶	50 穴盘或 72 穴盘
夏播甘蓝、花椰菜、茄子等	4～5 叶	128 穴盘

育苗时将泥炭、蛭石等育苗基质放入小穴中，然后在每穴中播入 1～2 粒种子，用少量基质覆盖后稍为压实，再浇水即可。穴盘育苗既可以一次成苗，也可以培育小苗后供移苗以育大苗用。现还有一种用纸浆做成的育苗穴盘，原用于水稻育苗抛秧，

现也有人用于蔬菜及瓜果类的育苗，在使用前它是折叠在一起的，使用时稍将其拉开放在育苗盘中，即显露出一些小穴，然后在穴中放入基质，将种子播入，用少许基质覆盖，浇水或营养液即可。待幼苗长成后，由于每一小格之间胶黏物质受水浸泡而松脱，就可把每一小格带苗一起掰开来定植，使用起来也很方便。

穴盘幼苗所用的基质可选用 2 份泥炭和 1 份蛭石或细沙（体积比）混合而成。幼苗的基质中可预先混入肥料以省却苗期供应营养液的麻烦。每升基质中加入 2 克硝酸铵、1.5 克过磷酸钙、1 克硫酸钾和 0.5 克硫酸镁。各地可就地取材来制成育苗基质，如锯木屑、甘蔗渣、砻糠灰、沙、草菇渣等。要注意的是，无土育苗的基质在使用之前一定要先进行消毒处理，具体的做法可参见第四章“无土栽培的基质”。

无土育苗的基质尽量不要掺入土壤，以防止土壤由于消毒不彻底而带入病菌。

（二）塑料钵育苗

育苗用的塑料钵有两种类型：一是用软质塑料制成的，一是用硬质塑料制成的。如果用软质塑料制成的塑料钵，只有底部开有一个小孔，便于多余的水分从钵内的基质中流出。软质塑料钵有多种规格，钵的容积在 200～800 毫升，钵中可放入育苗基质，主要作为大株型果菜的育苗用。如果用硬质塑料作成的塑料育苗钵，则在底面和侧面做成孔穴状，钵中盛装小石砾或其他基质，容积约为 200～600 毫升。育苗时，如果是育种子较大的作物，如黄瓜、蕹菜、甜瓜等，可在育苗钵内先放入约 2/3 高度的小石砾，然后放入 1～2 粒种子，再用小石砾覆盖约 0.5 厘米厚；如果是育种子较小的作物，如番茄、生菜、芥菜、白菜、甜椒等，在育苗钵内放入 2/3 高度小石砾后再放入约 0.5 厘米的细沙或其他基质，然后才播入 1～2 粒种子，并用基质覆盖种子。将已播种的育苗钵放在盛有 2～3 厘米深营养液的育苗盘中进行育苗，必要时可在塑料钵上用花洒洒少量清水，待种子萌发之后，根系会从育苗钵侧面和底面的小孔穴中伸入到营养液中。育好的幼苗，其根系不会受到丝毫的伤害，定植时不存在着缓苗的问题，易于培育壮苗。还有一种塑料钵，有一盖子，盖中间有一小孔，可将育苗板上育好的幼苗用岩棉丝或聚氨酯泡沫固定在孔中，然后将育苗钵放在盛有营养液的育苗盘中，待苗稍大后即可移到水培设施中。

（三）基质育苗床育苗

用砖、木板等材料作成育苗床框，内衬塑料薄膜，然后放入厚为5～8厘米已混有肥料的育苗基质，按一定的距离播种，在种子上覆盖为0.5～1厘米厚的基质，以后浇上清水或营养液即可。如果在秋末、春初或冬季气温较低时育苗，在苗床内安装电热丝后再放入基质，保证苗床的温度而不至于幼苗受到冷害。

二、无土育苗营养的供应

（一）无土育苗营养的供应方式

可根据所用的基质的不同、相应的育苗设施以及管理方式的不同而选用下面的两种营养供应方式：

1. 以基质中预混入肥料的形式供应　有些基质如泥炭、蔗渣、砻糠灰、锯木屑等可在播种前混入肥料，而混入的肥料是否能够满足整个苗期作物生长的需要，这要视苗龄大小、每株苗所占有的营养体积、基质的性质以及加入肥料数量的多少而定。一般地，所育幼苗苗龄越大、基质的吸附能力越强、每株所占有的营养体积越小，则预混入的肥料数量就可以多一些。反之亦然。在混合基质中预混入肥料可参见穴盘育苗的用量。这一数量大约可维持苗期3～4周生长的养分需求。也可以每升混合基质中加入3～4克 $N_2-P_2O_5-K_2O$ 含量为15－15－15的复合肥。如果育大苗，在育苗的中后期发现养分不足时可用营养液或用0.1%～0.3%的上述复合肥溶液喷施。

2. 以营养液的形式供应营养　有些育苗基质如岩棉、石砾等不适宜于在播种前混入肥料，只能是以配制营养液的形式来供应幼苗生长所需。当然，其他的任何基质都可以采用营养液的形式来供应营养。营养液可选用 Hoagland 配方、山崎配方、日本园试配方的 1/2 剂量等。

（二）营养液的供应方式

采用营养液进行供水供肥的方式有上方灌溉和下方灌溉两种：

1. 上方灌溉方式　是指通过设在育苗基质上部的自动喷洒装置或用人工喷淋把营养液从基质上方供给幼苗的方法。在大面积温室或大棚的工厂化或机械化育苗时，常在棚顶架上安装双臂流动式喷水管道来回喷水或喷营养液，或是安装固定式喷灌装置。在夏季高温季节，每天喷水 2～3 次，每隔 1 天喷 1 次营养液；在冬春温度较低、蒸腾量较小的季节，每天喷 1 次营养液，1 天内喷 1～2 次水。

2. 下方灌溉方式　是指把营养液蓄在不漏水的育苗床或育苗盘中，让营养液在基质的毛细管作用下由基质内部自下而上地上升来供应幼苗水分和养分的方法。以往在较大面积的育苗上常用的做法是用砖砌或用木板钉成宽 1 米左右、长约 10 米、高 10～15 厘米的育苗床，在床底垫上一层塑料薄膜，使得育苗床能够盛装营养液，然后将已装好基质的育苗钵放在育苗床内，在育苗床中放入深约 2～3 厘米的营养液。如果在冬季和初春低温季节育苗需要加温时，可先铺上一层聚苯乙烯泡沫板或干稻草作为隔热层，然后再铺上一层 2 厘米左右的干沙，在这层沙层中按照 80～100 瓦/平方米的功率安装电热丝，然后再铺上塑料薄膜并放入育苗钵和营养液。也可以把育苗床床底作成许多深约 2～5 毫米的小格状，然后将育苗块放在这些小格上，放入营养液，当营养液液面高于这些小格的边框时，就会将多余的营养液从距离一定间隔的小孔中流出。

下方供液还有一种方法是在育苗床面铺上一层厚约 2 毫米的无纺布，在无纺布上安装滴灌系统，然后再放上岩棉育苗块，营养液通过滴灌系统在无纺布上随着无纺布中毛细管作用而逐渐扩散到岩棉育苗块的下部，再通过岩棉育苗块的毛细管作用而上升供幼苗生长所需。

第二节 工厂化无土育苗

一、工厂化无土育苗的意义

工厂化育苗是指通过采用一定的机械操作来完成育苗过程，使得整个育苗过程得以机械化和自动化地进行的育苗方法。工厂化育苗由于在基质混合、装盘、播种、喷水、施肥等过程实现了机械化，可以大大节省劳力，工作效率也可大大提高。以往的育苗，每个劳动力大约可管理2万～2.5万株，而工厂化育苗每个劳动力则可管理8万～10万株，甚至更多。而且工厂化育苗采用穴盘作为盛装基质和幼苗生长的容器，重量轻，易于运输。工厂化育苗中由于整个生产过程实现了规范化、标准化的管理，因此容易做到成苗规格统一，苗壮，成活率高。工厂化育苗做到了精量播种，每一孔穴只播1粒，大大节省了用种量，一般只及传统育苗的1/10～1/5。工厂化育苗采用大面积的集中育苗方法，在低温季节利于集中供暖加热，可避免分散育苗所造成的能源浪费。

“国家重大科技产业工程”中的“工厂化高效农业示范工程”项目在“九五”期间由科技部在全国不同气候及经济条件下的6个省市进行示范试点，进行大规模无土育苗的工厂化生产是该项目中“种子种苗工程”中的一个重要组成部分，现已研制出了成套的机械设备，并建立了一些有一定规模的育苗工厂，育成的壮苗给种植者带来了极大的便利和良好的经济效益，可以预计今后的工厂化育苗生产的市场是巨大的。

二、工厂化育苗的设施及生产过程

工厂化育苗的设施主要是精量播种生产线。它包括基质粉碎及混配机械、基质装入育苗穴盘的自动装盘机、精量播种机、种植覆盖基质的覆盖机和自动洒水装置这几个部分。其工作过程为：把育苗用的各种基质以及肥料按一定的比例加入到基质粉碎和混配机中，经过适当的粉碎和混合均匀之后，由传送带输送到自动装盘机，育苗穴盘在自动装盘机的另一传送带上缓慢运行着，混合好的育苗基质就均匀地洒入育苗穴盘中，待穴盘装满了基质之后运行至一个机械的压实和打穴装置进行刮平和稍为压实，然后打穴。已装满基质并打了穴的育苗穴盘传送至精量播种机时，种子就可根据穴盘的型号进行精量播种，每穴播1粒。播种后的穴盘继续前行至覆盖机，在种子上覆盖一层约0.5毫米厚的基质，最后将穴盘传送到自动洒水装置喷水后即进入催芽室中催芽，待种子萌发之后则移入生长室中生长。

为了解决许多作物种子过小、精量播种较为困难、播种时常造成种子漏播或多播的问题，往往需要对种子进行丸粒化处理，即在小粒的种子外面包裹一层由营养物质、农药、生长调节剂、黏结剂和对种子无副作用的辅助填料（如高岭土）混合而成的物质，制成直径为4～6毫米、大小一致、外观圆形的丸粒化种子。这样就增加了种子重量，提高了精量播种的准确性，同时还有利于幼苗的生长和病虫害的防治。我国进行工厂化育苗的单位大多没有配备种子丸粒化的机械，现已有些单位开始进行种子丸粒化的生产。国外在这方面的工作开展得较好，已有商品化的丸粒化种子出售。

经过精量播种生产线装好基质、播了种子的育苗穴盘就可直接放在育苗床中育苗了。如果温度低，可将这些育苗穴盘集中在一起催芽后才摆放在育苗床中，也可以在育苗床中预先铺设电热丝加温。

工厂化育苗近几年来在广东、北京、上海、山东、沈阳等地逐渐开展起来，但面积不大，商品化苗生产的总量不多，这可能是由于目前我国农业种植者种植面积小、种植品种随意性大、生产时期分散、种植者之间缺少相互合作，与市场需求的联系不够紧密，同时工厂化育苗的设备不配套，种子品质还有一定的问题，丸粒化技术普遍不过关等原因，在一定程度上限制了工厂化育苗的发展。但随着工厂化农业的发展，农业生产逐步走向规模化、工厂化生产、集约化管理，相信在不久的将来工厂化育苗定会有一个较大的发展。

第三节　无土育苗的环境调控

光照、温度、湿度、水分等环境条件对幼苗生长有很大的影响，环境调控得是否适当、合理，是培育壮苗的关键，但由于不同的育苗季节、不同的作物种类对环境条件的要求不一样，进行环境调控的侧重点和方法也有所不同。

一、光照

光照直接影响到光合作用的强度，影响到作物体内碳水化合物的合成及许多其他代谢过程的进行。光照强度还影响到幼苗的叶温。光照不足时常造成幼苗瘦弱、节间细长、徒长；而光照过强时也可能造成幼苗叶温过高、代谢过于旺盛，幼苗僵直、叶片变硬、老化早衰，有时甚至出现日光烧灼的现象。在北方的冬春季节光照往往不足，此时苗距应适当加宽，有条件时可进行人工补充光照；而在夏季育苗时，由于光照过于强烈，育出的小苗品质也不好，因此需要用黑色或银灰色遮阳网进行遮光。

二、温度

温度对于培育壮苗的影响很大。温度过低，抑制了体内代谢过程，生长缓慢或停止，形成僵苗；温度过高，代谢过于旺盛，生长过快，易造成徒长，植株表现为早衰的现象。特别是在冬春季节，要保持幼苗所需的适宜温度，才可保证幼苗的正常生长发育，培育成壮苗。温度对幼苗的影响主要是通过气温、基质温度、最高气温和最低气温以及昼夜温差这几个方面来起作用的。

温度不仅影响到幼苗的生长速度和生长量，而且影响到有些作物幼苗花芽分化的早晚和速度，同时还可能影响到花芽节位的高低、影响开花的迟早和花芽的质量，甚至会影响到是否会出现畸形果的发生。一般来说，苗期的适温较高，随着苗的生长应逐渐下降。在育苗过程中要注意夜温低于日温 5℃～10℃，而基质温度（根际温度）比气温低 5℃～7℃，这称为“夜冷育苗”。育苗时在气温的管理上，晴天的白天温度不宜过高，阴天温度要比晴天还要低些。夜间的温度也不能过高，因为夜温高了，呼吸作用过于强烈，消耗养分多，易造成幼苗徒长；温度过低又会使得生长缓慢，甚至造成冷害。在育苗时，很重要的一点是要注意基质温度的管理，根际温度过低会抑制根系的吸收能力，也影响根部吸收的矿质营养向地上部的输送，从而影响幼苗的生长。表 6－2 是几种作物育苗时的适宜温度范围，供参考。

表 6－2　几种作物育苗时的适宜温度范围（℃）

作物种类	白天气温		夜间气温		基质温度（根际温度）		
	上限	适温	适温	下限	上限	适温	下限
番茄	35	20～25	8～13	5	25	15～18	13
茄子	35	23～28	13～18	10	25	18～20	13
辣椒、甜椒	35	25～30	15～20	12	25	18～20	13
黄瓜	35	23～28	12～18	10	25	18～20	13
西瓜	35	25～30	20～25	15	28	23～25	15
甜瓜	35	25～30	20～25	13	28	23～25	15
南瓜	35	23～30	18～20	10	25	20～25	13
生菜	30	15～22	8～15	5	23	15～18	13
芹菜	28	15～22	8～15	5	25	15～18	12
甘蓝	28	15～22	8～15	5	25	15～18	13
草莓	27	15～22	8～15	8	26	15～18	15

育苗时温度的控制，不仅要考虑到气温，而且要考虑到根际温度的控制。温度较低的季节育苗时，可通过棚室内的加温装置来增加气温，也可以通过育苗床中铺设的电热丝来加温。温度较高的季节，可通过棚室外部或内部安装的遮阳网进行遮阳降温，

也可以在温室、大棚外面顶部及内部安装喷雾装置，以便在高温季节可喷水降温。条件更好一些的，可在棚室两端安装排风扇和湿（水）帘进行降温。在进行棚室内部喷水降温时要注意因为经过喷水之后的湿度较大而容易引起病害的发生问题。所以经棚室内喷水之后要特别注意棚室的通风和病害的防治。

三、水分

水分条件也在很大程度上影响到幼苗的生长。幼苗所需的水分绝大多数是从基质中吸收的。如果基质含水量较少，幼苗吸水不足，会造成萎蔫，导致光合作用下降，致使幼苗生长受阻，如缺水维持时间不长，即植物幼苗经暂时性萎蔫后再浇水仍可恢复生长，而如果缺水更加严重，延续时间较长，可能会造成幼苗的永久性萎蔫以至死亡。但是，如果基质含水量过高，则会造成根系的呼吸作用受到抑制，出现沤根死苗现象。基质水分的多少也会影响到茄果类蔬菜幼苗花芽的分化。缺水干燥时着花的节位较高，水分适宜时，着花节位适中。为了达到培育壮苗的目的，常在定植前 1 周左右通过减少供水来炼苗。为了克服过分炼苗而影响到定植时新根的停止发生的问题，可在临定植前 1～2 天充分供应给幼苗水分，这对于提早缓苗有重要的作用。

四、空气湿度

空气湿度对培育壮苗也有重要的影响。幼苗在棚室内，如果空气湿度过大，则幼苗的蒸腾作用就会减少，当空气湿度达到饱和时，蒸腾作用就趋向停止，这就会减少了根系对养分的吸收，同时也易造成病害的发生；如果空气湿度过低，则幼苗的蒸腾强度过大，蒸腾量过多，易造成叶片的萎蔫，从而影响光合作用及其他代谢过程。空气湿度和基质水分含量还对瓜类雌雄性别的分化有着重要的影响。在空气湿度和基质水分含量均较高的情况下，雌花的分化较多，雌性器官的发育要比雄性器官的发育来得快。因此，在棚室内空气湿度较大时，特别是南方春天的梅雨季节，应及时通风，防止地面过湿，以降低空气湿度；而在空气湿度较小时，可通过棚室内的喷雾来加湿。

第七章 主要蔬菜无土栽培技术

第一节 番茄的无土栽培

番茄，茄科番茄属植物。在热带为多年生，在温带为一年生。

番茄成为有代表性的无土栽培作物，且其无土栽培面积最大，主要原因是其根际环境要求不像其他果菜那样严格，易于栽培，产量很高，可比土壤种植的产量高几倍甚至十几倍，况且无土栽培较有土栽培更易于提高品质，在人们的消费意识转向多品种、高品质、安全卫生和周年均衡供应的需求下，无土栽培番茄更有利于实现这些目标。

一、生物学特性

番茄根系发达，发根能力很强，即使根系受到伤害，也很容易萌发新根。茎为半蔓性至直立，基部带木质，茎部也易生不定根。番茄分枝能力很强，侧枝多。多数品种花为聚伞花序，有些小型果的变种为总状花序。花黄色，雌雄同花。花芽分化很早，在幼苗生有2～3片真叶时，第1花序便开始分化。番茄的开花结果习性可按照其花序着生的位置及主轴生长的特性分为有限生长型和无限生长型两类。有限生长型是指主秆的生长点长到一定的时候就消失了，植株不再长高，而如果要多结果，就要留侧枝，让侧枝结果。而无限生长型是指主杆上的生长点一直都保持着，植株可无限制地向上生长。这2种类型番茄的花序之间的距离不一样，有限生长型的花序之间距离较短，一般每隔1～2节之间就有一个花序，而无限生长型的一般要隔3～4节以上才有另一个花序。

二、栽培季节与品种选择

无土栽培番茄由于要充分利用其大棚或温室的空间，有利于栽培管理，因此要尽量选择无限生长型的品种。由于番茄对光照强度要求较高（其光饱和点为 7000 勒克斯左右），秋分以后日照逐渐减弱，因此冬春栽培时宜选用耐低温、耐弱光品种为宜，同时还应选用抗烟草花叶病病毒、叶霉病、青枯病等的品种。秋番茄栽培应选用生长势不过旺、抗病性强、果实着色均匀的品种。目前国内尚缺少温室专用品种。最近特别引人注目的是，种植品质好，糖分含量高的小番茄（樱桃番茄）品种逐渐增多。

三、育苗与定植

番茄可采取育苗穴盘或塑料软杯盛装基质的方法来育苗。每穴或每杯放置 1 粒种子，用少量基质覆盖种子约 0.5 厘米厚，待种子出苗之后，可用华南农业大学番茄配方的 1/2 剂量来浇灌。待幼苗有 4 片真叶时即可移苗。出苗后宜保持床温 20℃～25℃，室温白天 25℃～28℃、夜温 15℃～16℃为最适。

移苗在第 1 真叶期最适，移苗钵有多种形式，近来多采用岩棉育苗块或聚氨酯泡沫育苗块。移苗之后的育苗钵或育苗块宜不留孔隙地排列于苗床上，且随着苗的长大，逐渐扩大株距。苗期的营养液，不论何种栽培季节或品种，都用山崎番茄配方或园试配方浓度的 1/2 稀释液，一般在播种后第 7 天开始浇灌，液深2～3 厘米。随着育苗床营养液的减少，应及时补充营养液，只有当发现苗的叶、根出现异常现象时，才需迅速更新营养液。

苗龄与定植后的长势有密切关系。一般愈是小苗定植，定植后长势愈强，产量愈高。但易发生畸形果，品质下降，且易生长过盛而易于发病。凡在夏季高温季节育苗，秋季延迟栽培的秋番茄或越冬长期栽培的番茄，宜以幼苗龄定植为好，可维持其必要的生长势，增加产量；而在适温适期下定植的春番茄，则以大苗定植为好。一般夏季苗龄 30 天左右，冬春 55 天左右。

水培番茄移苗时将幼苗连同育苗基质一起从育苗穴盘或育苗杯中取出，放入定植杯中，用少量小石砾固定即可立刻定植到种植槽中，也可寄养在种植槽中数天之后才定植。基质栽培番茄移苗时直接将小苗从育苗穴盘或育苗杯中取出后就可移植到种植槽或种植袋中。水培定植时要注意育苗苗床的营养液与种植槽中营养液温差不能超过 5℃，否则从育苗床定植到种植槽时，如温差太大，易引起伤根。通常越冬长期栽培，每 1000 平方米定植 2400 株左右，而秋季栽培则为 2700 株。密植低段摘心栽培者，可达 7200 株。

四、营养液管理

番茄营养液配方很多，其基本成分都很相似，但浓度差异较大，应结合实际去比较选用。山崎配方的组成成分浓度与吸收浓度基本相符合，为均衡营养液配方，同时由于 NO_3^- －N 与 *EC* 浓度相一致，易于调控，故在长势与产量等方面充分显示其优越性。因此，山崎配方广泛应用于无土栽培的不同方式、不同栽培季节和品种上。

山崎番茄营养液配方的 *EC* 值为 1.2 毫西门子/厘米，pH 值 6.6 左右，在营养液管理时，可以作为 1 个单位标准浓度来对待。适温种植条件下，以 1～1.5 个单位浓度范围（*EC* 浓度为 1.2～1.6 毫西门子/厘米）作为管理目标。在 11 月至次年 2 月低温季节，养分吸收浓度高于施入的营养液浓度，营养液浓度管理目标可提高到 1.2～2 个单位浓度，即 *EC* 值提高到 1.6～2.0 毫西门子/厘米范围。高温期为防止脐腐病的发生，可将山崎配方提高到 1.5 个单位浓度，即 *EC* 值为 1.6 毫西门子/厘米进行管理。生产上应根据以上管理原则，来对营养液进行浓度管理，尽量防止浓度的急剧变化，及时补充水分和营养，以保持营养液成分的均衡。

番茄生长前期，对氮、磷、钾的吸收旺盛，营养液中 N 素浓度下降较快，山崎配方中 NO_3^- －N 浓度下降很容易从 *EC* 值的测定来判断和补充，因为 *EC* 值与 NO_3^-—N 浓度存在着密切关系。但是生长后半期的番茄，对钙、镁的吸收量迅速下降，造成营养液中钙、镁元素的积累；而同时对磷、钾的吸收量迅速增加，使营养液中磷、钾元素的含量迅速下降。由于 *EC* 值和 K 离子的浓度之间的相关不显著，因此，根据 *EC* 值来调整营养液浓度时，很难使营养液恢复到原有的均衡水平。所以，在生长后期，有必要定期分析营养液组成成分，以便及时调整营养液或更新营养液。

延迟栽培的秋番茄，生长初期正处于高温季节，为防止生长过旺，可用 0.7 个单位浓度的山崎配方；以后，随着生长进程逐渐提高浓度，到第 3 花序开花期，恢复到 1 个单位浓度（*EC* 值 1.2 毫西门子/厘米）；在第 5～7 个花序开花时期，可提高浓度至 1.7 毫西门子/厘米；以后浓度再增加到 1.9 毫西门子/厘米为标准管理目标，以后一直到收获完毕时，均不需要降低营养液的浓度。不论水培或基质培，营养液的管理浓度都是一样的。许多研究和生产实践表明，高浓度的营养液管理与较低浓度的管理，虽然产量无大的差异，但高浓度营养液可有效地改善番茄的品质，同时又可确保产量的提高。

番茄生长适宜的营养液 pH 值为 5.5～6.5。许多番茄的营养液配方由于使用较大量的生理碱性盐类作为营养，因此，在栽培过程中 pH 值往往呈升高的趋势，当 pH 值＜7.5 时，番茄仍能正常生长，但如果 pH 值＞8，就会破坏营养成分的平衡而引起铁、锰、硼、磷等的沉淀，造成缺素症，必须及时调整。

五、供液方法

水培条件下，随着营养液循环次数和时间的增加，溶解氧、养分、水分的供给量也随着增多而促进了番茄的生长。营养液循环次数和循环时间的长短依每株番茄的供液量、营养液的溶解氧浓度、生长发育阶段和气温的不同而异。一般掌握营养液中溶解氧浓度不低于 4 毫克/升为原则下，调节循环次数和时间。通常随着植株的长大，即随着对水分、养分和溶解氧的吸收量的增多而增加循环供液频度。例如，番茄生长前期至第一花序开花前，晴天日耗水量每株为500～600毫升，而果实迅速膨大期，日耗水量可达2升/株，因此，应增大供液频度。

NFT水培番茄时，栽培床长30米，栽培株数超过70株的每分钟供液量应不少于3～4升。据日本千叶农试（1981）报告，每小时间歇供液15分钟比连续供液的产量高，但应在第3～4花序始花时开始间歇供液为宜。

岩棉培间歇供液有利于根系氧浓度的充分供给。开放式供液情况下，多为过量供液，实践中供液量掌握在允许有8%～10%多余的营养液流出。

六、营养液温的管理

无土栽培多在温室或大棚内进行，营养液管理易受气温的影响。夏季高温条件下液温经常超过30℃，易抑制番茄的生长。但高温期番茄白天根际高温造成的生长抑制，可以通过夜间低根际温度来抵消。如果白天液温超过35℃，从傍晚到半夜就必须使营养液温度冷却到25℃。通常采用储液池或种植槽内铺设回流地下水的管道来降温。

冬季营养液温度低于12℃时，番茄的生长就会受到抑制。因此，冬季营养液的温度要尽量控制在15℃以上。

气温管理同土壤栽培。但不论气温、液温管理，均以变温管理为宜。

七、生理病害的防治

高温季节易产生缺钙而导致脐腐病多发。主要原因有：高温期NO_3^-－N加速吸收，抑制了Ca^{2+}的吸收；蒸腾作用弱的果实先端，容易产生随蒸腾流运转的Ca^{2+}的不足。增加湿度，营养液浓度不要太高（山崎营养液配方或华南农业大学果菜营养液配方1.5个剂量以下），开花时喷施0.5%～1.0%氯化钙溶液，均有减轻此病发生的作用。

八、病虫害防治

无土栽培番茄病虫害的防治上，首先要做好从育苗开始的种子、育苗基质到移苗定植时小石砾、定植杯以及种植系统的消毒，切断病源，然后才是做好生长过程其他的药剂防治工作。危害番茄的病害主要有青枯病（如果消毒彻底，水培中几乎不会出现）、花叶病、早疫病、晚疫病、叶霉病、灰霉病、枯萎病等；危害番茄的虫害主要有斜纹夜蛾、菜青虫、红蜘蛛、蚜虫、温室白粉虱等。具体防治措施见第五章。

第二节　黄瓜的无土栽培

黄瓜，葫芦科一年生草本植物。无土栽培的果菜中，黄瓜的栽培面积仅次于番茄，它是无土栽培四大类主要作物的一种（其他 3 种分别为番茄、生菜和甜椒）。无土栽培黄瓜的主要特点是生长速度快，收获期短而集中，缺点是根系容易早衰，生长势较难维持，且低温期侧枝长势弱，高温期果实着色浅。但无土栽培的黄瓜果实品质好，果皮富有光泽，深受消费者的喜爱。目前，无土栽培黄瓜已趋稳定发展。

一、生物学特性

黄瓜在瓜类中属于浅根系植物，在无土栽培中根系长势远较土壤的旺盛，吸收能力较强。主蔓分支能力较弱。叶呈心脏形，叶大，有些品种的叶片较薄，有些则较厚，蒸腾能力很强。黄瓜花为退化型单性花，花芽分化的初期具有两性的原始体，在发育的过程中，才开始性型分化。黄瓜的开花习性有雌雄间生型、混生雌雄型、两性雄性型和雌性型这几种。在温室或大棚水培时，最好选用雌性型的品种，以减少人工授粉的工作量。黄瓜果实为假果，是由子房下陷于花托之中，由子房与花托合并而成的。果面平滑或具有棱、瘤、刺等。在营养不足或其他环境条件如早期低温、后期高温等不良影响，或受精不良，种子发育不均匀等，可能造成畸形瓜，降低产量和品质。

二、栽培季节与品种选择

黄瓜的生长势难以长期维持，不可能像番茄那样进行1年1茬的长季节越冬栽培，多实行短季节栽培。主要有2种茬口类型：一种为1年3茬的温室栽培，第1茬是8月中旬播种、育苗，9月上旬定植，10月上旬至1月采收；第2茬是5月上旬定植，6月上旬至8月采收；另一种茬口类型为番茄长季节栽培的后作，即在4月下旬育苗，4月上旬定植，6月上旬至8月采收；或者作为春番茄的后作，即在7月下旬育苗，8月定植，9月底至12月采收。在南方地区，几乎一年四季均可进行。但一般在冬季温度较低时，除了保温或有加温条件较好的温室种植之外，一般的大棚不能种植。一般在定植后大约3个月左右即拉蔓清棚。

由于在温室或大棚内没有昆虫的授粉，所以选择非雌性系黄瓜品种时就要进行人工授粉。一般在无土栽培中都是选择雌性系黄瓜品种为宜。

1. 长春密刺　适于北方温室或大棚冬春栽培。植株生长势较强，茎粗，节间短，分枝力中等。叶片深绿色。主蔓3～4节开始结瓜，瓜码密，雌花节率高，回头瓜多。嫩瓜青绿色，棍棒形，棱不明显，瘤密，刺白色，瓜长30～40厘米，单瓜重200克。春季塑料大棚定植后25天开始采收，每667平方米产5000～10 000千克。品质较好。抗枯萎病但不抗霜霉病，耐寒性较强，喜肥。

2. 津杂2号　早熟、抗霜霉病、白粉病、枯萎病能力强特点的杂交1代新品种。“津杂2号”植株生长势较强。叶片中等，深绿色，有侧蔓4～6条，主蔓先结瓜，第1雌花多发生在3～4节上，侧蔓瓜较多，生长期150天左右。瓜条棍棒形，深绿色，白刺，棱瘤较明显，瓜长37.6厘米、横径3.6厘米，单瓜重0.2千克，瓜头有黄色条纹，抗苦味性强，皮薄甜脆，品质好。适宜大中小棚栽培，也适宜春季地膜覆盖露地及秋露地栽培，每667平方米产 7500～10 000 千克。

三、育苗与定植

黄瓜育苗可在塑料育苗穴盘或塑料钵中装入育苗基质育苗。每穴或每钵播 1 粒种子，用少量基质覆盖约 0.5 厘米厚，出苗之后可用 0.5 剂量的营养液浇淋，待幼苗具有 3 片真叶时即可移苗定植。育苗期：12 月至次年 1 月，约 35 天；5～6 月，约 20 天；7～8 月，约 16 天即成苗。

为防止疫病、蔓割病，进行嫁接育苗，砧木以新土佐南瓜抗病性和嫁接亲和性最强，也可以用其他的砧木品种，如云南黑子南瓜。但越冬栽培的茬口类型，则宜选择耐低温而对疫病抗性稍次的云南黑子南瓜作砧木为宜。嫁接方法多采用操作简单、成活率高的舌接法，接后管理也较方便，成活后要切除黄瓜的根系。

育苗期营养液可使用园试配方 0.5 剂量。冬季育苗则需电热线加温，夜间小棚覆盖时用无纺布替代薄膜，可防止因叶面沾湿而诱发霜霉和细菌性斑点等病害。

如果是水培，将育好小苗连同育苗基质一起从育苗穴盘或育苗钵中取出，放入已装有少量石砾的定植杯中，然后再用少量石砾固定幼苗即可。如果是基质栽培可直接将小苗定植到种植槽或种植袋中。

水培黄瓜移苗后的定植杯可立即定植，也可放在闲置的种植槽中 2～3 天，等根系稍为伸长之后才定植。一般每平方米塑料定植板定植 4～6 株左右。每 667 平方米棚定植大约 1400 株。

四、营养液管理

定植后营养液管理，可使用山崎黄瓜配方（也可以用园试配方，但浓度要适当地调整）。在开花之前用 1 个剂量的浓度（*EC* 值大约为 1.4 毫西门子/厘米），在开花之后应将浓度逐渐提高至 1.5 剂量（*EC* 值大约为 2.0 毫西门子/厘米），在第 2 条瓜开始膨大时，营养液的浓度再提高至 2.0 剂量的水平（*EC* 值大约为 2.6 毫西门子/厘米），直至最后收获完毕。到收获期，植株对钾和磷的吸收量增加，营养液中这两种元素的浓度下降，易产生蜂腰果和弯曲果等畸形果实；收获盛期，还易产生缺硼症，生产上要注意。由于黄瓜的蒸腾量很大，对水分和养分的消耗量均较大，因此，应经常检测营养液浓度的变化情况，水分和养分的补充要及时。

追肥量的管理目标是：按补水量的70%追加各种肥料，即补水量为1000升时，按相当于700升营养液所需的肥料量加入。但也要根据栽培季节、生育期、气候条件等的不同，及时检测*EC*值，以确保目标管理浓度的达到。冬季补水间隔宜短不宜长，防止大量水分补入后造成液温急剧下降而发生生理障碍。而高温季节和蒸腾盛期，吸收水分和养分的量大，须及时地补水补肥。

黄瓜对营养液pH值的适应范围较广，在4.5～7.5范围内可以不必调整。但在新建的水泥砖结构种植槽的深液流无土栽培系统中，要特别注意不要让营养液的pH值太高，否则易出现缺铁和缺镁症状。

五、供液方法

黄瓜是果菜类中根际需氧量较大的作物。水培较土培黄瓜生长后期更易于衰老，可能是由于水培介质中的氧的补充能力受到限制所致。特别是采收盛期，根系需要大量的氧气，供氧状况就变成了采收盛期长短和产量高低的决定因素。

间歇供液对黄瓜来说没有像后期那样有效。黄瓜主要是靠吸收营养液中溶解氧，对吸收空气中氧的能力远不如番茄。因此，不论何种水培方式，都要保持营养液的流动状态，以获得更多的溶解氧供应。深液流水培中，有一种液面下降供氧法，效果很好。这种方法是指在停止供液时，种植槽中营养液徐徐流回储液池中，当种植槽中液位降低到一定程度时，再开始供液，如此反复进行液面下降法供液，较连续供液的产量高，生长势强。

黄瓜的基质培开放式滴灌供液，即在苗期每天每株灌液400～500毫升，随着黄瓜植株的长大，供液量逐渐增加到每天每株滴灌2～2.5升（结果盛期）。一般白天灌液2～4次，夜间不进行滴灌。灌溉时允许多出10%左右的营养液从基质中排出，也可以每隔7～10天滴灌1次清水，以防止盐类在基质中的累积。

六、液温的管理

无土栽培黄瓜的根温和气温管理同土壤栽培。冬季低温季节在棚室内种植黄瓜，其夜间气温以保持在15℃，液温以保持在20℃为宜。如果夜间气温低，则冬季黄瓜侧枝发生困难，产量将受到严重的影响。NFT水培条件下，如果夜间根际温度下降到15℃以下，只要昼间温度能上升到18℃以上，就有可能消除夜间低温的影响。

夏季利用遮阳网、地面覆盖银灰色降温幕、铺设隔热材料或利用地下水管道冷却种植槽，如果使根际温度下降到25℃以下，能有效地消除昼间高温而引起的生理障碍。特别是通气条件差的棚室和高设种植槽，昼间不易降温，夜间降温很有必要。

七、病虫害防治

危害黄瓜的病虫害很多，主要病害有白粉病、炭疽病、霜霉病、细菌性角斑病、黑星病、枯萎病、菌核病、灰霉病、疫病等。主要的虫害有蚜虫、红蜘蛛、棉铃虫等，近几年来温室白粉虱的为害有发展的趋势。在防病虫害上首先是做好棚室及内部种植设施的消毒，切断病原浸染来源；其次才是采用其他药剂防治。详见第五章。

第三节　甜椒的无土栽培

甜椒为茄科2年生植物，又称番椒、海椒或椒茄。甜椒是辣椒的一个变种，原产中、南美洲，欧洲的甜椒是在哥伦布发现新大陆时带回的，随后很快就传播开来，至今，欧洲已育出许多新的品种类型并大面积种植，其中在岩棉培或水培方式的无土栽培上应用很广。我国自明朝末年传入以后亦成为最普遍的蔬菜品种之一。在广东等南方地区，利用深液流水培种植甜椒，特别是种植荷兰、法国、以色列等地引进的甜椒品种如七彩甜椒等，产品大多出口至港澳地区及内销高档酒店、宾馆和超级市场，取得较好的经济效益和社会效益。

一、生物学特性

甜椒茎直立，单叶互生，在主茎叶腋又发 2～3 条很强壮的侧枝，成为双叉或三叉形，侧枝又可生出侧枝。花为顶生，一般为单生，即每一枝条分叉处着生一朵花，但也可以 2～3 朵，甚至 5～6 朵丛生。辣椒根系不很发达，分布浅，深达 10～15 厘米左右。甜椒的长势和根系均较辣椒弱，分支较少，叶片较大，蒸腾量大，抗病能力也较弱。

辣椒属喜温性蔬菜，幼苗期的抗寒能力不如番茄，低于 10℃或高于 35℃时种子发芽都较困难，种子发芽适宜温度为25℃～30℃。生长适温为 21℃～26℃，低于 15℃或高于 35℃，特别是夜温高于 25℃，花期不易授粉受精，易造成落花落果及畸形果，果实着色要求 25℃以上的温度。对空气湿度要求一般在 50％～70％较适宜，湿度过大不但授粉受精受影响，而且较易发病，但湿度过低，亦影响开花与果实发育。

二、栽培季节与品种选择

甜椒栽培可采用深液流水培方式，一般采取两种茬口安排：一种是第 1 茬在 7 月底 8 月初播种，8 月底至 9 月初定植，收获至次年的 1～2 月份；第 2 茬在 1 月份播种，2～3 月定植，收获至 6～7 月份；另一种茬口安排是 1 年只种 1 茬，即在 9 月份播种，10 月份定植，一直延续收获至次年的 5 月份。后一种种植方式要求在冬季时温室能够有较强的保温能力，否则冻坏植株，造成减产或失收。

品种选择一般选用抗性强的品种，通常采用荷兰、法国、以色列等地的品种，如七彩甜椒，产量高，品质好，经济效益显著，但种子价格较高，风险较大，此外，国内的品种如柿子椒等也可选用。

三、营养液选择与管理

1. 营养液配方选择　适于甜椒生长的营养液配方可选山崎甜椒配方，园试配方等。微量元素可用通用配方。

2. 营养液管理　甜椒在生长前期，需肥量少，营养液浓度控制在0.5～1.0剂量左右，在中后期特别是开花坐果期，应注意营养的补充。营养液浓度可控制在1.2～1.5剂量。对浓度的测定应每两天左右测定一次，若营养液浓度发生变化不符合生长要求应及时进行补充，同时应注意补充所消耗的水分。对营养液酸碱度的管理，通常控制在pH值为6.0～7.5，应每周定期检测，如果是新建的水泥种植槽，应更频繁检测，如每两天一次甚至每天都要检测，若pH值超出范围，应用稀酸或稀碱溶液进行中和调整。营养液循环应以补充溶解氧以满足根系对氧的需求为原则。甜椒对氧较敏感，需求较大，缺氧时易烂根而造成减产损失，甚至失收。因此，必须注意加强营养液的循环补充氧，通常在生长前期，水位应较高，以利于根系伸入营养液中，循环时间相对短些，在白天每小时进行15分钟左右循环即可，晚上可减少循环时间至每小时循环10分钟，在生长中后期，特别是开花结果期，应逐渐降低水位，让部分根系裸露在空气中，以利于吸收氧，同时延长循环时间，如每小时循环20～30分钟，以满足根系对氧的需求。

四、育苗与定植

春植甜椒在开春2月份前播种，秋植甜椒在7～9月份播种育苗。播种前须对种子进行消毒处理，以杀灭种子可能带有的病菌，如青枯病等。消毒时可用55℃的温水浸种20分钟左右，清水洗净后置于清水中浸种4小时左右，捞出用湿纱布包好，在30℃的催芽箱中催芽，经1～2天种子露白后，即可播种。播种可用营养杯或育苗穴盘盛装已消毒杀菌的育苗基质进行，每杯或每穴播1粒种子，用少量育苗基质盖种约0.5厘米厚，在幼苗长出真叶后应适当浇淋浓度为0.5剂量的营养液，以育壮苗。待幼苗具有4～6片真叶时即可移入定植杯中。由于甜椒不易发新根，移苗时应注意尽量少伤根，以利缓苗及长根，此外亦可在定植杯中直接育苗，小苗移入定植杯后可直接定植在种植槽中，亦可先集中在盛有2厘米左右厚的营养液的空闲的种植槽中一段时间，至新根伸出杯外后定植到种植槽中。定植的密度为每1.5平方米定植板上定植6～10株。

五、管理技术

当甜椒长至一定高度，应及时拉绳固定，并进行整枝。水培甜椒的整枝方法是保留第1次分枝的2条分枝，在这2条分枝进行第2次分枝时，每一侧枝上只保留1条，其余的都疏掉，以后均按此方法进行整枝，这样看起来每株甜椒只保留2条分枝，即所谓的双杆整枝（与茄子无土栽培的整枝方法类似），这与大田种植的有很大的不同，要特别注意，否则，可能由于分枝过多而造成植株间相互遮蔽而降低产量。开花结果期应注意疏果，特别是疏掉畸形果及病果，以集中供应养分，提高甜椒的品质及商品率。此外，在管理上应注意棚室内的温度及湿度的控制，如在早春栽培，应于定植后的缓苗阶段保持较高的温度以促进缓苗，温度以控制在30℃左右为宜，以后温度可控制在白天25℃～30℃、夜间15℃～20℃；秋季栽培，前期应加强通风等措施以降低大棚内的温度，而生长后期应注意保温防寒，以避免高温或低温所造成的落花落果，必要时辅以2，4－D涂花或番茄灵喷花进行保花保果，提高坐果率。

六、病虫害防治

甜椒的病虫害主要有病毒病、炭疽病、青枯病、疫病、枯萎病、螨类、棉铃虫等。病虫害防治应严格贯彻以防为主的原则，做好各个环节的管理工作，若出现病虫害，应及时对症下药予以控制。